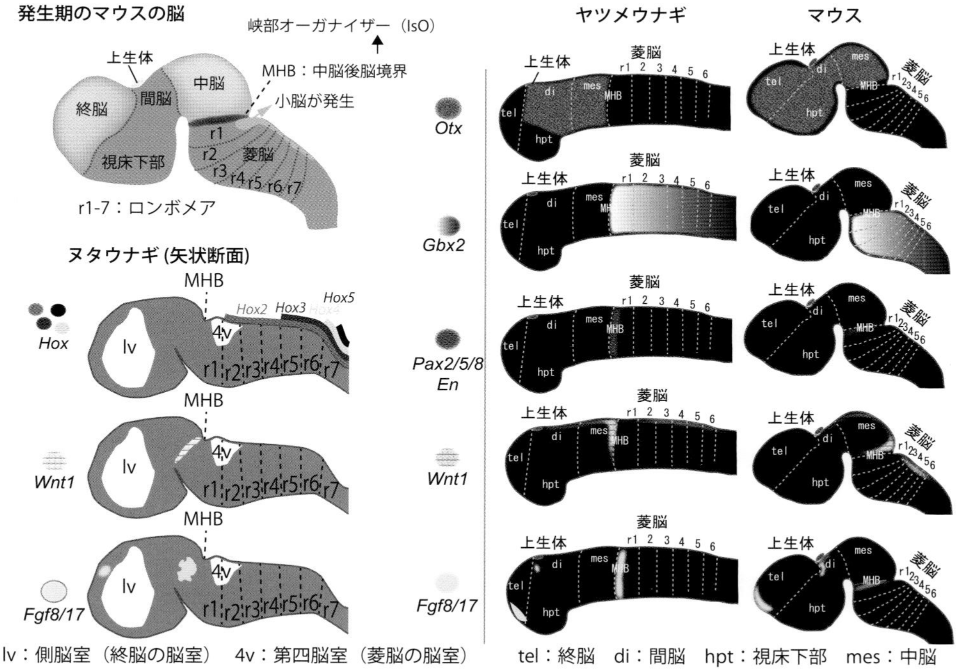

口絵 1　中脳領域の発生

→ 図 5.7 参照.

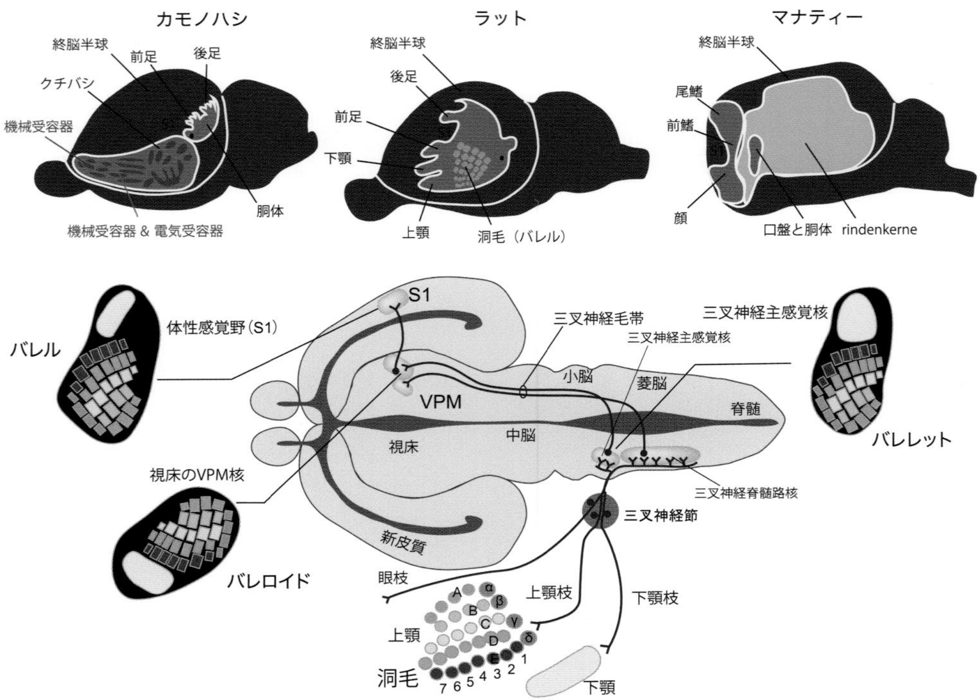

口絵 2　体性感覚系の地図

→ 図 10.2 参照

脳進化絵巻

脊椎動物の進化神経学

村上安則［著］

コーディネーター　倉谷　滋

KYORITSU
Smart
Selection

共立スマートセレクション

34

共立出版

はじめに

我々は何処から来て何処へ行くのか？

これは，誰もが一度は向き合う問いである．「我々」という自意識は，自分自身という存在を認識し，さらに，その周囲に自己と似ているが少し異なる個体の集団を認識することにより生じる．このように，世界を認識しそれに対応するはたらきは，「心」と言い換えることができる．したがって上記の問いは，「心は何処から来て，そして何処に行くのか」ともいえる．脳の研究史を紐解けば，19 世紀になって心の在処は脳であることが明らかになり，しかも脳の各々の部位には独自の機能が存在すると考えられるようになった．多くの現代人は，心は脳にある神経細胞（ニューロン）の活動によって生じると考えているだろう．つまり，心とは巫女に憑依する神々のようなふわっとしたものではなく，我々がもつ脳という構造の中に生ずる電気的・化学的活動なのだ．一方で，神経細胞を介さずに「意志決定」を行う粘菌のような生物もいて（Reid *et al*., 2012)，心が脳にのみ宿るとは言い難いかもしれない．最近目覚ましい発展を遂げている人工知能の，そう遠くない未来の姿を想像すればなおさらである．

とはいえ我々人間が日々思考し，記憶し，決断を下す精神活動を司る実体は，我々の頭蓋骨の中に収まった脳である．冒頭の問いに答えるには，やはりまずは，この神経細胞とグリア細胞の集合体について詳しく知る必要があるだろう．脳は精神活動の基盤となっているが，それは甚だ不完全なこともある．たとえば我々の脳は過去の事象や経験を記憶するという極めて高度な機能を備えているが，その性能はお世辞にも良いとはいえない．我々の記憶は不完全であり，時には事実と大きく異なっている場合もある．もし我々の記憶機能がコンピュータのように正確であるなら，筆者は過去の幸福な記憶の中に耽溺し，それを繰り返し再生し続け，苦しいことや辛いことで溢れた現実世界には決して戻ってこないだろう．しかし，我々の記憶能力では，それは極めて困難なのである．ただし，我々の脳は，想像の中で独自の世界を構築できる程度には優秀であるため，我々は脳内に作り上げた自分だけの世界に遊ぶことはできる．そうした想像世界は，最初は夜や森の暗がりに不気味で恐ろしい異形の存在を仄めかすようなものだったかもしれない．そしていつしか，妖怪や神々や怪獣などが跋《ばっ》扈《こ》する壮大なイマジネーション世界を構築するに至る．それは５億年に及ぶ脳進化の過程で与えられた粋な贈答品のようなものであり，一介の哺乳類に過ぎない我々には勿体ないほどの恵みである．そうした脳内世界のありようを文字や画像にして残すことで，我々人類はその世界を他者と共有し，さらに自らの肉体が滅びた後もそれらの情報を次世代に伝えることができる．通常，生物が次世代に伝えられるのは自身のDNA配列のみである．脳を進化させることで我々は，DNA配列とは別の膨大な情報を継承することが可能になり，生物としての枠組みから新たな一歩を踏み出したのだ．

そうした脳機能の詳細については他の優れた書籍に譲るとして，本書では，我々の脳が何処から来たのかについて，通常とはいささか異なる視点で述べることにする．我々の脳がいかにして今のようなものになったか，すなわち我々の脳の進化について解説する．最近になって，脳を作る基本的な発生機構は，脊椎動物の誕生とほぼ同時にできあがっていたことが明らかになってきた．このときにできあがった脳の原型は，脊椎動物の進化という大洋を筏《いかだ》のように漂流し，各系統の確立とともに様々な形に結実してきた．ただ残念なことに，こうした多種多様な脳が人々の関心に触れる機会は極めて少なかった．本書では，そうした脳に隠された秘境のような場所を紹介していきたいと思う．

本書の執筆にあたっては，筆者が2015年に書いた『脳の進化形態学』（共立出版）の読者の一人がTwitterに上げた一文が話題になったことがきっかけとなった．その影響は驚くほど大きく，階段ですれ違った見ず知らずの学生から「お主の本が話題になっている」と話しかけられたりした．当初はSNSの影響力に驚愕し，かつ恐れ戦いていたのだが，そのおかげで本書の執筆依頼をいただけたことはこの上ない幸せである．這い寄るニャルラトホテプさんに心より感謝いたします．そして，本書を書く機会を与えてくださった共立出版の山内千尋様，動物のイラストを描いてくださった佐々木苑朱様，飯村彬仁様，原稿に目を通してくださった兵庫医科大学の菅原文昭博士，東京大学の平沢達矢博士，名古屋大学の山本直之博士，最後に本書の推薦人になってくださった理化学研究所の倉谷滋博士に心より感謝いたします．

2021年3月

村上安則

目 次

1

脳の概略

1.1 脳のはじまり

地球上には，かろうじて目に見えるサイズの原生生物や，顕微鏡を使わないと見ることができないバクテリアなど，様々な生物がいる．目に見えるレベルのもので主要なものは，動物・植物・菌類である．これらのうち，脳をもつのは動物のみだ．動物がその他の生物と異なるのは，食物を探して動き回るという点である．菌類にも粘菌のように動き回るものもいるが，話がややこしくなるのでここでは無視する．動く場合にもいくつかのパターンがあり，クラゲのような生き物は海中をふわふわと漂っていて，積極的に一方向に進んでいくようには見えない．これらクラゲ型の動物の体は背側と腹側が区別でき，体の構造が中心から傘のように放射状に広がる，放射相称という形態をなしている．クラゲ類は刺胞動物という動物群に含まれていて，動物の系統の中でも初期に分岐したグループである．動物の進化がさらに進むと，体に前後の軸をもつ系統が現れる．背腹・前後があるということは，同時に左右が存在するということである．これらは左右相称動物と呼ばれている．このような前後の区別がある動物は，動く方向がクラゲ的な方向性の曖昧なものとは異なり，ある方向への指向性をもつものになる．すなわち多くの場合，前に向かって進むようになる．そうなると，外界からの刺激は必然的に進行方向，すなわち体の前の方に先に触れることになる．情報が体の前部に偏って集まってくるのだ．そのため，情報を集める感覚器は前の方に位置するようになり，それを処理する神経細胞も場所も前に集められるようになる．こうして神経細胞が集まった脳が体の前方に作られる．つまり，脳の起源は左右相称動物の誕生とリンクしていると考えられる．

1.2 脳の進化を調べるということ

私たち人間の脳はたいへん優れた機能をもっているが，これは当然，神がかり的にいきなりできたものではない．脳進化の過程を明らかにするには，様々な脊椎動物の「脳を作る仕組み」を調べる必要がある．つまり，脳ができてくる過程や，その際にはたらく遺伝子を様々な動物で調べ，それらを比較することで，たとえばＡという種の脳とＢという種の脳では，何が共通で何が異なるのかを突き止める．共通なものはＡとＢの共通の祖先がもっていた「祖先形質」であり，異なるものはそれぞれの系統で生じた「新しい形質（派生形質）」と考えられる．こうした研究を行うことで，我々の脳がどのように始まって，発展してきたのかを知ることができる．さらに動物の中には，人間とは全く異なるタイプの脳を進化させてきた種もいる．たとえば鳥類は哺乳類に匹敵する学習能力をもっているが，高次機能にかかわる脳中枢を詳しく見ると，哺乳類とは大きく異なっている．また，魚類の中には我々の脳には存在しない場所が多く見られる．ナマズなどはこうした場所で周囲の電場を感知している．このような「人間にはない能力」を生み出す脳の仕組みを知ることで，ヒトを用いた研究では絶対に得られない知見を得ることができよう．こうした研究は，基礎研究として大変重要である．ただし，多くの優秀な学生たちは，卒業研究のために筆者の研究室へ見学に来ると，「そんなことをして何の役に立つのですか？」，と至極真っ当なことを言って他の研究室に行ってしまう．それで良い．だが，圧倒的なまでの脳の多様性は，この世界はまだまだ謎に満ちていることを我々に教えてくれる．少なくとも筆者にとって，こうした謎は，生きづらい世の中に差す光明のようなものだ．「この世界にまだ未知の謎があるなら，もうちょっと頑張って生きてみよう」と思うのである．筆者にできることは，脊椎動物のめくるめく脳世界を読者に示すことだけだ．それが秘める知的興味が，読者にとって未来に向かって歩いていくための道標となればいいと思う．

脊椎動物の脳は，前方から後方にかけて5つの主要な領域，すなわち終脳，間脳，中脳，後脳（小脳・橋），延髄（髄脳）に分けることができる．これはほぼ全ての脊椎動物の脳に共通する重要な特徴だ（**図1.1**）．脳というと，何だか複雑怪奇でよくわからないけれどもとにかく難解だ，と思う人が多いかもしれないが，実際は上の5つの領域しかない，かなりシンプルな構造なのである．これらの領域にはそれぞれ決まった役割があるので，それを知っておくと，脳のことがもっとわかりやすくなる．ちょっと付け加えると，哺乳類は上の分け方でいいのだが，円口類などの系統では橋と延髄の境界がはっきりしない．そのため比較形態学の世界では，小脳・橋・延髄をまとめて菱脳あるいは後脳と呼ぶ場合や，橋と延髄をまとめて菱脳と呼ぶ場合がある．脳は生物学，医学，農学など様々な分野

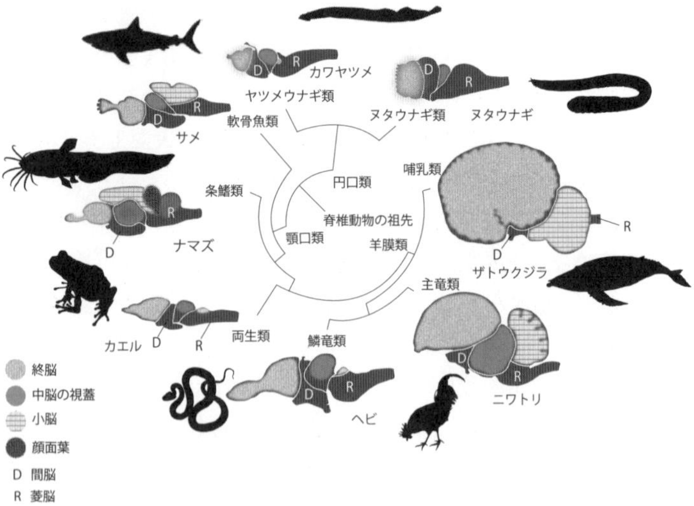

図 1.1　様々な脊椎動物の脳

Murakami (2016) を改変.

の人々が対象にしているので，こうした名称の不統一が随所に見られるが，どうかご容赦いただきたい.

1.3 脳進化を探る際の心得

脊椎動物は多彩な形態を獲得しながら進化を続けてきたが，その過程で脳も様々な形に変わってきた．人間が作り出したものでも自然が作り出したものでも，形というものは，それが担う機能を反映している．同じ刃物であっても料理に使う包丁と戦闘に使う刀剣とでは形が異なり，それぞれがその機能に最適化された形態になっているのだ．そして，形と機能がリンクしていることは脳も例外ではない.

かなり荒っぽいやり方だが，脳の形と機能のつながりを知る最初の段階として，それぞれの脳領域を特定の感覚とつなげて考えるといいかもしれない．それぞれの領域は独自の特性をもっていて，その大きさがその動物の生理機能を表しているのである．馴染みのある例としては，いわゆるソウルライクな死にゲーをする際のキャラクターのステータス割り振りを想像していただきたい．そうしたゲームでは，ゲーム内で得た金銭や経験値をもとにして，筋力とか体力とか技量とか魔力とかを割り振っていく．このとき，全てのステータスが均等になるように割り振りをしてもいいが，そうした場合は往々にして「器用貧乏」なキャラクターになってしまい，序盤でにっちもさっちもいかなくなる．ゲームを効率良く進めるには，「筋力」に大きく振りつつ，その他のステータスは抑えるといったコツが必要になる．脳の進化でも同様なことがいえるだろうか？上の考えを脊椎動物にあてはめた場合，たとえば「視覚」，「聴覚」，「嗅覚」，「運動能力」といったステータスを上げるには，それぞれ「中脳（視蓋）」，「中脳（半円堤）」，「終脳」，「小脳」を大きくすればいい．そして実際に，脊椎動物はそれぞれ特定の脳領域を大きくしている，つまりステータス振りを行っているように見える．興味深いことに脊椎動物の脳では，上記の全ての領域を均等に大きくするといった進化はあまり見られない．この点はゲームのコツと似ている．時間と手間をかけてレベルを上げ，それを全てのステータスに還元していけば（つまり全ての脳領域をまんべんなく大きくすれば）最強の脳ができるかもしれないが，そうなるまでに一体どれくらいの時間がかかるだろうか？　おそらく地球という惑星のシビアな環境はそんな猶予を与えてはくれない．そうした結果，脊椎動物の脳には特定の領域を優先的に大きくするような淘汰圧がかかる．たとえば哺乳類では，終脳と小脳が他に比べて圧倒的に大きくなっている．魚類では中脳が特に大きい例が見られる．つまり，脳進化

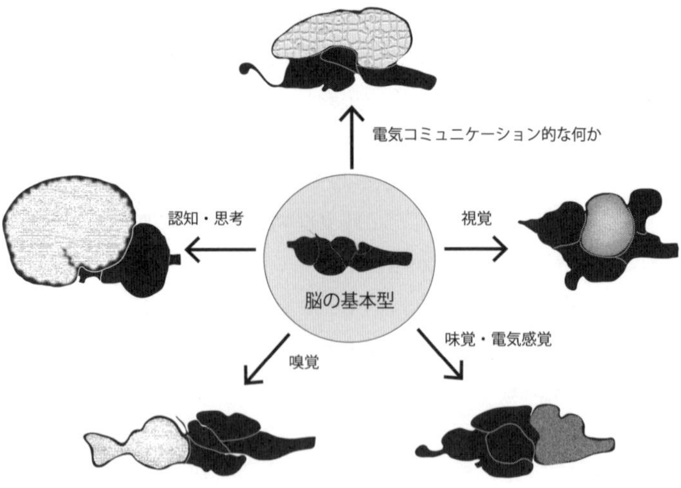

図 1.2　脳の発達

においても効率の良いステータス振りが行われているのだろう．結果として，脊椎動物の脳には特定のステータス（脳領域）に特化していく傾向が生じるようなのである（**図 1.2**）．脊椎動物に見られる様々な形をした脳は，大自然というゲーム空間で脊椎動物というプレイヤーが 5 億年かけて行ってきた壮大なステータス振りの結果ともいえるだろう．そこではスタート時点から様々に分岐していく幾筋もの流れが見え，その一つひとつに，進化の過程であり得た可能性が顕現されているのだ（**図 1.3**）．

脳形態の変化と動物の外部形態の変化とがリンクしている事象は，魚類ではとてもわかりやすい．彼らの脳を見ると，その系統がどのようにステータスを振っているのかが一目瞭然である．終脳特化，中脳特化，小脳特化など，実に様々なタイプがあって我々を飽きさせない．ただし，脳の領域から持ち主の性能を類推しようとす

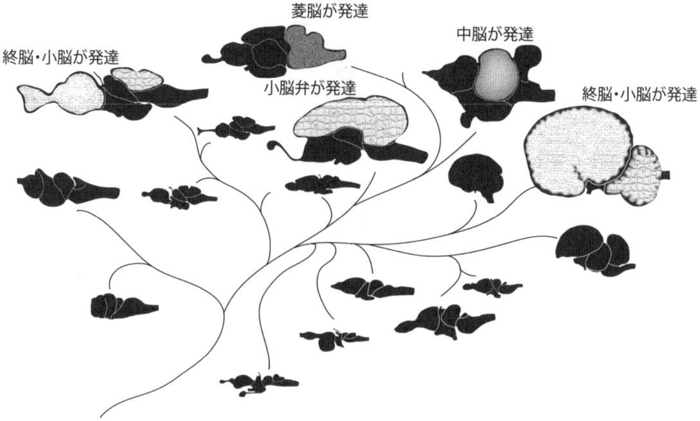

図 1.3　脳の特殊化の系譜

ることの方法は，あてはまらない場合がある．たとえば哺乳類では終脳が巨大であるが，そこは嗅覚以外にも様々な情報を集め，統合機能を担う場となっている．そうしたことについてはこれから詳しく述べることにする．

2

脳の進化発生学

2.1 なぜ発生なのか？

脊椎動物の進化において，どのような脳が基本形であり，そこからどのようにして高機能の脳が派生したかを理解するには，最初期の脊椎動物が備えていた脳がいかなるものであったかを知る必要がある．そのためには現在の地球に生きる様々な動物群の脳を比較して，祖先的な形質を見つけなければならない．しかし，脳は多数の神経細胞（ニューロン）と神経回路を含む極めて複雑な構造であるため，完成した脳の比較から基本構造を理解することは難しい．たとえば哺乳類の脳と鳥類の脳を比べて，何が共通で何が異なるのかを見つけることは至難の業である．しかし，生物の発生を見れば，たった1つの細胞から体全体が作られる過程がわかる．たとえばエジプトの大ピラミッドは，あのような巨大な建造物をどうやって作ったのか今も議論が続いているが，実際に作り始めから完成までを観察したら，その謎はたちどころに解決するだろう．脳に関しても同様で，神経細胞が少なく回路形成も進んでいない発生期から観察することにより，それがいかに複雑な構造であっても，その構築原理を理解できる．哺乳類の脳がいかに複雑であろうと，最初から見ていけばその概要がわかるし，鳥類の脳だって同様である．それがわかった上で哺乳類と鳥類の脳を比較したら，どこまでが同じでどこからが異なるのかがわかるだろう．しかも，発生を見ていると「形態形成遺伝子」という強力なアイテムが登場する．脳発生の初期には，これら遺伝子の局所的な発現やその勾配により「脳の大まかな設計図」が描かれる．これにより，一様であった神経細胞が領域ごとに分化し，各脳領域や領野といった「機能単位」が形成されるのである．そうした遺伝子が担う発生様式が種ごとに異なっていれば，異なる形態の脳ができあがるだろう．したがって遺伝子によって描かれる「脳の設計図」を，たとえば哺乳類と鳥類で比較すれば，両者の共通点と相違点がよりはっきりして，進化の道筋を辿ることが容易になると思われる．

こうした発生学的な戦略で脳進化を探る試みは多く行われており，結論からいうと，遺伝子のパターンをもとに脊椎動物の脳を作り上げる基盤となる遺伝子の配置がだいたいわかっている（**図2.1**）．それはまさに「脳の基本設計図」であり，この設計図が極めて融通の利く優秀なものだったので，地球環境に冒瀆的なまでに凄まじい変動があっても，脊椎動物の脳はそれを乗り越えることができたのだろう．しかも，脳の発生プログラムは多様化を可能とする柔軟性（あるいは頑健性：ロバストネス）をもっていたために，各系統は適応放散の過程で状況に応じて脳の機能をアップデートすることに成功したといえよう．すなわち進化とは「発生機構の変遷」に他ならない．

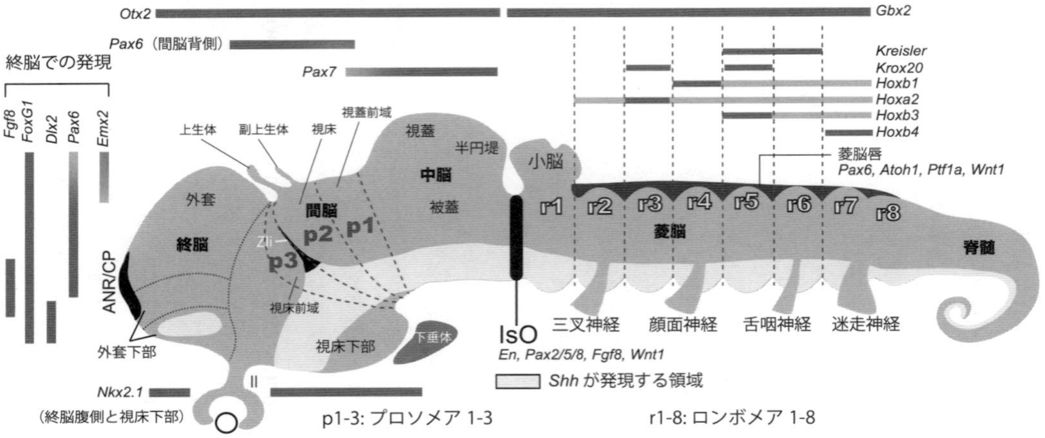

図 2.1　脳の発生にかかわる遺伝子

Murakami (2016) を改変.

2.2 脳の発生

進化を考える際に発生が重要であることがわかっていただけただろうか？　その上で脊椎動物の中枢神経系（脳と脊髄）の発生を見てみよう．中枢神経系ができる場所は，消化管の背側である．胚を輪切りにしたときに，内臓が腹側にあって，その背中側に神経系が見える．一方で，多くの無脊椎動物では，消化管の腹側に中枢神経系が生じる．これはフランスの偉大なる古生物学者にして比較解剖学者のジョルジュ・キュヴィエ（1769-1832）も動物を分ける際の重要なポイントと見なしたものである．ちなみにキュヴィエは，創世記以前の時代の地層から多くの化石記録が見つかることから，「ノアの方舟」に出てくる洪水のような天変地異が何度か繰り返され，その際に生物の死滅が何度もあったと考えた．これが天変地異説と呼ばれる考えである．当時の欧州は絶対王政から市民革命への過渡期で，すでにキリスト教会の影響力はかなり衰えていたとはいえ，多くの人々は聖書の記述を信じていたので，キュヴィエのこの考えを聞いて神による世界の作り直しが何度も行われたと考えた人も多いだろう．実際にキュヴィエの支持者たちはそう解釈していたようだ．これを昨今のアニメやゲームに毒された筆者の脳によって解釈すれば，生命は神によって何度か作り直されている，すなわち現世界はいわゆる「何周目」かの世界なのだ，という厨二病的要素に溢れた話になる．

筆者の妄想はさておき，脊椎動物の中枢神経系は，背中側になるよう運命づけられた組織の一部が内側にペコンと落ち込んで（陥入して）作られることに関係している（**図 2.2**）．そのため脊椎動物の中枢神経は，神経管という構造からスタートする．つまり中が空洞になっているのだ．この管状構造は成体になっても保たれている．

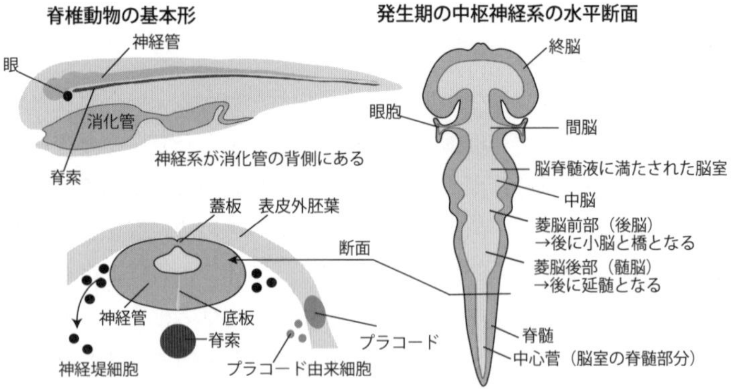

図 2.2　脳の発生

神経堤細胞とプラコードに由来する細胞は末梢神経系の神経細胞などに分化する．Murakami (2016) を改変．

その空洞の中には脳脊髄液という液体が詰まっている．この液体は脳の外にも出て，脳と，その外にあるクモ膜の間に満たされるので，脊椎動物の脳は頭蓋骨の中で脳脊髄液の中にプカプカと浮かんでいるような状態になる．このように脳が水中に浮遊する構造になっているために，脳脊髄液が衝撃に対するクッションとしてはたらき，脳は外部からのダメージから守られている．さらに脳脊髄液によって，脳の水分含有量の調節や脳と血液との物質交換を行うことができる点も脊椎動物の脳の特徴の一つである．脊椎動物の脳が大きく発達できた要因の一つとして，脳脊髄液の存在は見逃せない．

最初は単純なチューブ状であった神経管には，発生が進むにつれて，いくつかの膨らみが生じる．これらの膨らみを基準として，発生期の脳は古くから前脳胞，中脳胞，菱脳胞という 3 つのパートに分けられてきた．今でも多くの教科書ではこの「3 脳胞」が紹介されている．しかし，比較神経学者である石川裕二博士によると，様々な脊椎動物の発生過程では 3 脳胞にあてはまらない例が多いとのことである（石川，2018）．むしろ，終脳，間脳，中脳，後脳，髄脳の5脳胞が，脊椎動物に共通する基本形態となっているようだ（図2.2）．

さらに発生が進むと，脳は終脳から菱脳に続く見慣れた形になる．そのとき，終脳，中脳，小脳が背側に膨らむので，各々の脳の境界がとてもわかりやすくなる．このような「脳の膨らみ方」を見てみると，概して脳の背側の部分がプクッと膨大している（図2.1）．脳の背側部はおおよそ感覚系にかかわる場所であるため，感覚情報を集める場所が大きくなっていることになる．腹側は概して運動系の要素が集まっているが，こちらはそれほど膨らまない．その理由は，名古屋大の山本直之博士の言葉を借りれば以下のように説明できる（山本，2018）．感覚系については手足や体幹や頭部から膨大な感覚が送られてくるため，それに対応する要素が多く必要になるが，運動は中枢で「こうしよう」と判断された情報が届く，すなわち整理されて確定した運動プログラムがくるだけなので，それほど神経要素が必要にならないのだ．このように，背側の領域が大きくなる傾向は，脳の発生のみならず，進化的な視点からも顕著である．感覚器や運動器が発達すればするほど，脳の背側要素が拡大していくのだ．

3

脊椎動物の進化

3.1 脊椎動物とは

脊椎動物はおよそ5億年前にこの地球上に出現した (Shu *et al.*, 2003). それから現在までの間に, この惑星には様々なことが起きた. そもそも地球という環境は実に複雑である. およそ24時間の周期で光の差す時間と闇に包まれる時間が訪れる. その間に温度も湿度も大きく変わる. また, 水で満ちた海や河川, 樹木が生い茂る熱帯雨林, 砂と岩だけの砂漠, 満潮時には海水に浸かり干潮時には大気にさらされる潮間帯, 加えて雪と氷に閉ざされ冬には太陽も登らない極地など, 実に様々な舞台がある. しかも, 稀にではあるが凄まじい天変地異が襲ってくる. 強烈な温室効果をもたらす大規模な火山活動が起きたり, 原因はよくわからないが酸素濃度が急激に低下したり, 時には宇宙から小惑星が降ってきたりする. このような惑星が棲みやすかったため好き放題にやったのか, あるいは生き残るにはあまりにも過酷な世界だったため反骨心が爆発したのか,脊椎動物は様々な形態に進化し，極地から熱帯，陸地や河川や海洋，そして空中に至る多様な環境に分布を広げてきた．数多の動物の中で，地球にある陸・水・空の全ての環境に適応できた動物は，脊椎動物と昆虫のみである．両者がいずれも多彩な形態を進化させていることは，これらの動物の祖先が可変性のある優秀な設計図を備えていたことを示唆している．

幾多の大量絶滅を生き延びながら進化してきた脊椎動物の姿形は実に様々であるが，共通する特徴の一つは背骨をもつことだ（**図 3.1**）．典型的な背骨は脊椎あるいは脊柱とも呼ばれ，椎骨（脊椎骨）と呼ばれる円柱状の骨が縦に並んだ構造をしている．我々ヒト（*Homo sapiens*）の脊椎は，7 つの椎骨からなる頚椎，12 個の椎骨からなる胸椎，5 つの椎骨からなる腰椎，そして仙椎と尾椎で構成される．ただし，脊椎が硬骨ではなく軟骨でできている動物や，脊椎が円柱状をしていない動物，さらに脊椎が著しく退縮した動物もいる（Arratia *et al*., 2001）（図 3.1）．したがって，脊椎がないからといって脊椎動物ではないと断定することはできない．脊椎動物がもつ他の特徴としては，①鰓弓（発生期に咽頭部分に生じる弓状の構造，咽頭弓ともいう）があること，②対になった感覚器があること，③脊索をもつこと，④神経管が中空になっていること，⑤筋節の形が W 字型になっていることなどが挙げられる（倉谷，2017）．ただし，③と④は脊椎動物に近縁な尾索類（ホヤ類）や頭索類（ナメクジウオ類）にもあてはまるし，②については左右相称動物の多くが備えている．

脊椎動物は古来より生理的・形態的特徴をもとに，魚類，両生類，爬虫類，鳥類，哺乳類に分類されてきた．脊椎動物の歴史の中で，最も初期に出現したとされるのは広義の魚類であり，その頃の動物は顎をもたなかったため，無顎類とも呼ばれる．しかしこの名

図 3.1　様々な脊椎動物の骨格

A）真骨魚類の一種，B）ニシキヘビの一種，C）マッコウクジラ，D）モササウルス類，E）シーラカンス類．シーラカンス類は椎骨をもともともっておらず，代わりに脊柱と呼ばれる構造がある．A, B, D, E はウィーン自然史博物館にて撮影．C は国立科学博物館にて撮影．

称は系統学的には単一の枝（クレード）を表すものではく，あくまで「無顎」という段階（グレード）を示すものである．似たような意味で，爬虫類は「うろこをもつ外温性（変温性）の羊膜類」というグレードであり，単一の系統を表す名称ではない．

3.2 脊椎動物の歴史

これから脊椎動物の歴史を紐解きながら，それに合わせて脳がどのように進化したのかを述べていきたいと思う．

地球上に生命が初めて現れたのは，およそ 35 億年前とされる．最初の生命はバクテリアのような単純な構造しかもっていなかったようだ．それから DNA が核の中にある真核細胞が現れるまでに長い時間を要し，さらに多細胞の真核生物が出現するまでにも

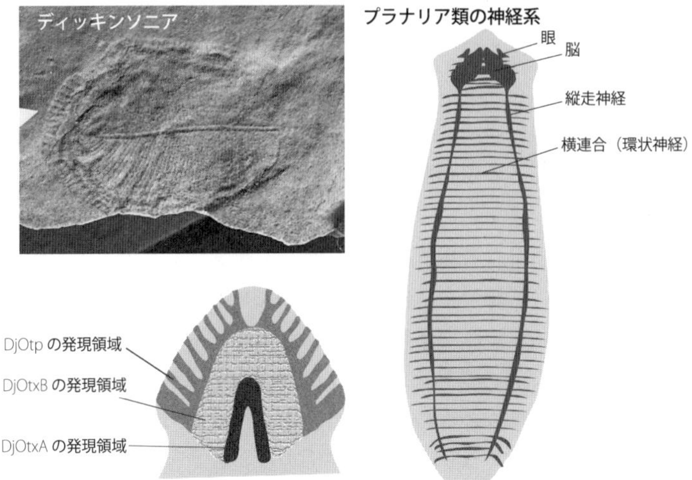

図 3.2　ディッキンソニアとプラナリア

ディッキンソニアは「生命大躍進展」（国立科学博物館，2015）にて撮影．プラナリアのイラストは『脳の進化形態学』（村上，2015）を改変．

気の遠くなるような時間がかかった．多細胞でまとまった形をもつ生物の痕跡は，エディアカラ紀に現れる．6 億年くらい前のことだ．この頃の生物は木の葉のような形をしたディッキンソニアなどである．これらは左右相称なのかどうかもはっきりしない（**図 3.2**）．ただし，一方向に進んでいるような這い痕が見いだされている (Ivantsov, 2011)．動く，ということは神経系の存在を暗示している．もし方向性をもつ動きをしていたならば，原生のプラナリアのように，進行する側に神経細胞が集まった構造があったかもしれない．ただし，化石の記録からはこれ以上のことはいえない．そして，その後のカンブリア紀になると，まるで何かに目覚めたかのように，様々な形態の動物が現れる．

3.3 脊椎動物の黎明

脊椎動物の痕跡が見つかる最も古い地層は，カンブリア紀のものだ．その産地としてカナダのバージェスや中国の澄江が有名である．カンブリア紀の頃，地球には今と同じく陸と海があったが，肉眼レベルのサイズの動物が棲んでいたのは海中であった．浅い海の中を風変わりな姿をした生物が徘徊していたのである．その時代の地層に封じ込められた生物は，実に様々な形態をしており，この頃に多細胞生物の形態の多様化が急速に進んだとされる．その中には強固な外骨格に包まれた怪物めいた無脊椎動物や，ノズルのような吻の先にハサミ状の構造をもつ奇抜な形態のものもいた（**図 3.3**）．これら多彩な無脊椎動物の化石には，明らかに脳の痕跡が残っている．鋏角類のアラルコメネウスは脳の形態が化石に残っている最古の生物である (Tanaka *et al.*, 2013)．また，節足動物のアノマロカリスについても脳の形態が明らかにされており，少し不思議なことに現生の有爪動物に近い形態をしている (Cong *et al.*, 2014)．つま

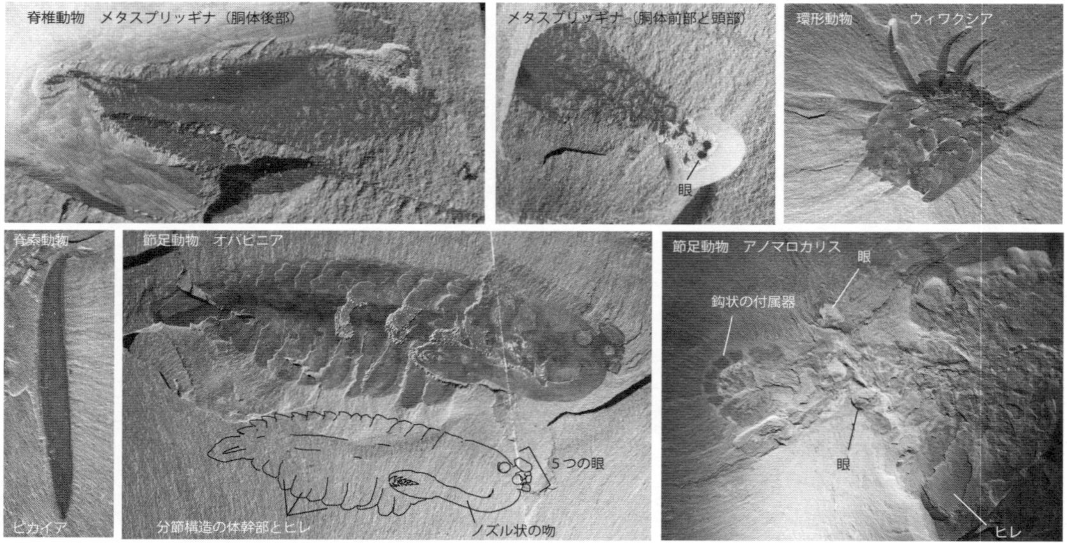

図 3.3　カンブリア紀の動物

ロイヤルオンタリオ博物館所蔵の標本を撮影，「生命大躍進展」（国立科学博物館，2015）にて撮影.

り，感覚–運動の統合機能を担う脳は，無脊椎動物の陣営では，およそ5億年前のカンブリア紀において，かなりの段階のものができあがっていたのだ．では脊椎動物の陣営ではどうか？　上記の怪物めいた化石に混じって，葉っぱのようにシンプルな形をした動物が見つかっている（図 3.3）(Morris & Caron, 2014)．それらが最初期の脊椎動物である．現生のものとは比較にならないくらい貧相であるが，明瞭な頭部があり，そこには対になった眼や単一ながら鼻孔が見られる．ただし口は丸い孔が開いているだけであり，顎のような構造はまだ獲得していない無顎類の段階を示している．

この脊椎動物には脳があるのだろうか？　脳のような軟組織は化石に残らないので，実際のところはわからない．しかし，眼があるということは重要だ．後に詳しく述べるが，眼（の網膜）は脳の一部なので，それがあるということは脳があることを意味する．鼻孔があるということも，その中にある嗅上皮の存在を暗示し，そこからの情報を伝える神経と，それが行き着くべき場所があることを示唆している．また，鰓《えら》があるということは，それを生み出す素材である神経堤細胞がある可能性も示している（図 2.2）．つまり，この時代の脊椎動物は，嗅覚系がつながる終脳，眼を生み出す間脳，そしてそれが接続する中脳，鰓弓からの入力を受ける菱脳の存在が推測できるのである．ということは，脳の主要な領域が一通り揃っていることになる．そうであれば，「脳の基本系の確立」という，脊椎動物の脳の進化の中で最も重要な出来事が，すでにこの頃に起きていたことになる．もちろん，この頃の動物は小さく，その脳も現生のヤツメウナギよりもずっと貧相なものであっただろう．今の哺乳類のそれとは比ぶべくもない．しかしその中には我々の脳に至る道筋が確かに存在していたのである．

化石記録からは上記のような推論ができた．しかしこれはあくまで化石からの推測である．これだけではダメだ．推理ものでよくあるように「ふん，たいした推理だな．君は探偵にでもなったつもりかね．しかし証拠はあるのかね証拠は」と言われてしまう．ちなみにこういうことを言うやつはすぐに死ぬかあるいは犯人である．これが本当なのかどうかを知るにはもっと証拠が必要だ．証拠を得るには現生の動物の比較が必要である．そしてそうした研究からは，古生物学からの推察を支持する結果が多く得られている．脊椎動物の中で最も初期に分岐した系統である円口類の脳の構成や発生期の遺伝子発現を他の脊椎動物を比較すると，驚くほど似ているのだ．脳を作るはたらきをもつ遺伝子の発現様式が円口類とその他の脊椎動物で同じであることは，両者が同一の設計図に基づいて脳を作っ

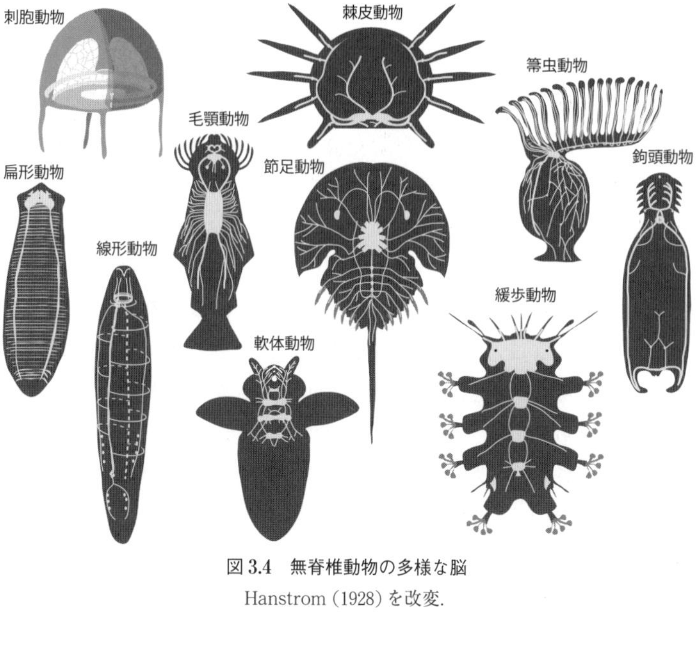

図 3.4　無脊椎動物の多様な脳
Hanstrom (1928) を改変．

ており，その設計図は円口類とその他脊椎動物の分岐以前に作られたことを示している．

円口類とそれ以外の系統が枝分かれした時期はかなり古く，およそ5億年前とする解析結果がある（図1.1）（Kuraku & Kuratani 2006）．こうしたことから考えると，5億年前のカンブリア紀の海で，現代に連なる脊椎動物の脳の原型が作られた可能性がある．それは，他の多くの無脊椎動物でも同様であろう．カンブリア爆発は，外部形態の爆発的進化であると同時に，脳の爆発的進化でもあったのだ（**図3.4**）．

3.4 脊椎動物の誕生と全ゲノム重複

脊椎動物の脳が誕生したきっかけとは何か？　脊椎動物の姉妹群にあたる脊索動物には，頭索類（ナメクジウオ類）と尾索類（ホヤ・サルパ類）がいるが，彼らには眼も鼻もなく，脳は「神経節」と呼ばれる貧相なものがあるのみだ．ただ，最近の研究では，ホヤやナメクジウオには前脳と後脳の境界があり，前脳からは脊椎動物の間脳や視床下部に相同な領域が発生し，後脳からは延髄に似た領域が発生するようだ（**図3.5**）（Albuixech-Crespo *et al.*, 2017）．つまり脳の前方と後方の大雑把な区画は，脊椎動物に連なるものをもっていることになる．ただしこれを言い換えれば，終脳・中脳・小脳はないということである．最近ではナメクジウオに終脳に似た領域が発生するという意見も出ているが，これが脊椎動物の終脳と相同なのか，収斂によってナメクジウオの系統で生じたものなのかは，今後のさらなる研究が必要であろう．ただし，ナメクジウオやホヤがもつ光受容器や機械受容器などの細胞の中には，脊椎動物がもつものと似た形態のものが見つかっている．ということは，頭索類や尾索類の祖先から脊椎動物の祖先が枝分かれした後で，脊椎動

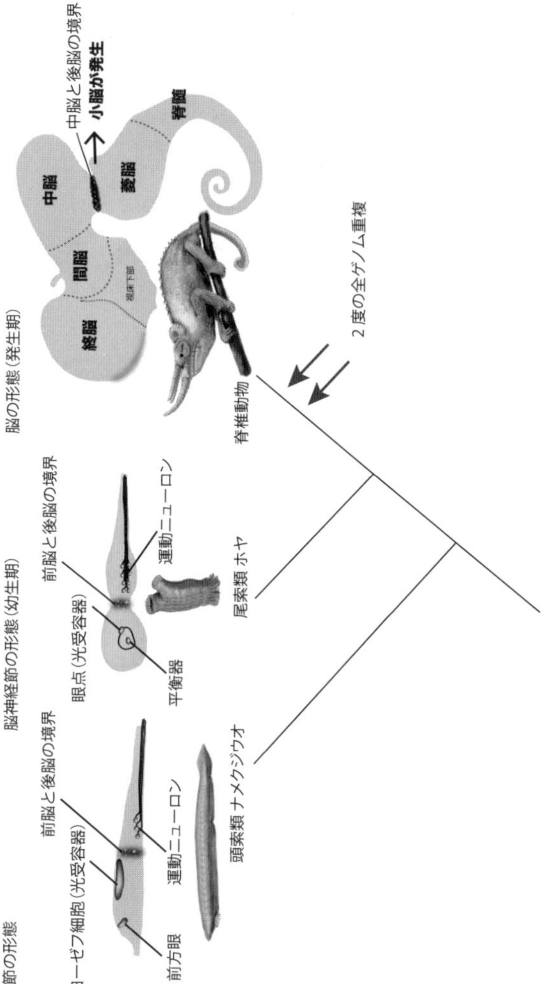

図 3.5　脊索動物の脳と全ゲノム重複

物では祖先から受け継いだ細胞や組織をベースにして，独自に様々な神経形態が獲得されたと考えられる．では脊椎動物とその他の脊索動物とでは何が違うのだろうか？　言い換えれば，なぜ脊椎動物の系統においてその他の系統にはない構造が生み出されたのだろうか？　それについて具体的な答えを提示することはできない．しかし，全ゲノム重複（whole genome duplication：WGD）というイベントが関与している可能性がある（図 3.5）．WGB によってそれまで 1 セットであったゲノムが倍加して 2 セットになると，たとえば遺伝子 A には A' というコピー（これをパラログという）ができる．そうすると，遺伝子 A が本来の役割を遂行するのに加えて，パラログである A' はこれまで A が担っていた役割から解放され，他の用途に使えるようになるだろう．そうしてその動物には A' によって導かれる新規機能が生じることになる．これが「遺伝子重複による進化」という考えである（Ohno, 1971）．そして，尾索類の祖先から脊椎動物の祖先が分岐した後で，脊椎動物の祖先において複数回の全ゲノム重複が起こったことがわかっている（Abi-Rached *et al*., 2002）．つまり，脊椎動物において新規の脳領域が進化したのは，全ゲノム重複によって形態形成にかかわる遺伝子の数が増えたためではないかと考えられている．

4

初期の脊椎動物の形態と神経系

4.1 水中での活動

カンブリア紀に誕生した数多の動物の活動の場は太古の海であった．水で満たされた世界で，あるものは水中を漂い，またあるものは海底を徘徊していた．脊椎動物もその他大勢の無脊椎動物と同じく，その頃の海の環境でうまく生きていけるように進化していった．水という媒体の中で効率的に生きるためには，運動性という要素が極めて重要である．これに関しては，無脊椎動物も脊椎動物も初期の段階でかなりのレベルまで進めていたようだ．カンブリア紀の無脊椎動物を代表するアノマロカリスやオパビニアなどの節足動物は，水中を効率良く移動するための多くのヒレを備えていたし，体節構造をなす体幹部では関節部分を折り曲げて現在のイルカのように上下に体を動かして遊泳することができたと考えられる．こうした特徴は，その後に現れるウミサソリなどの鋏角類にも見られる（**図 4.1**）．アノマロカリス類のような優れた遊泳能力をもつ無脊

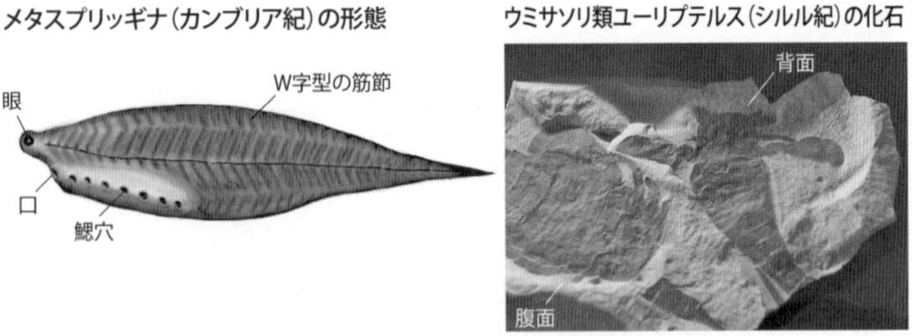

図 **4.1**　メタスプリッギナとウミサソリの形態
ウィーン自然史博物館の標本を撮影.

椎動物は，同時代に生きていた脊椎動物の祖先にとって脅威であり，そうした捕食者から逃れるために，脊椎動物は運動能力を向上させる必要があっただろう．この時代の脊椎動物であるメタスプリッギナを見ると，その体は縦に扁平な形になっており，現代の魚のように水の抵抗を受けにくい形をしている（図 4.1）．本種の体幹には，脊椎動物の特徴とされるアルファベットの W の形をした筋節がある．頭索類のナメクジウオには V 字型の筋節があり，こうした形態の筋節は，辺がまっすぐな長方形をしたものよりも遊泳の効率が高いとされている．したがって，初期の脊椎動物には，現生種に見られるような体を左右にくねらせる行動が可能な外部形態があったと思われる．では，その神経支配についてはどうだろうか．脊椎動物の脊髄では，背中側と腹側で役割分担がなされていて，背中側は後角（あるいは背角）と呼ばれ主に感覚を司り，腹側は前角と呼ばれ運動を司る（**図 4.2**）．具体的には，後角には脊髄神経節からくる感覚情報が入り，腹側にある運動ニューロンから運動情報が出力され，筋肉の動きが制御される．この仕組みは，ナメクジウオやホヤでは明らかに脊椎動物とは異なっている．ナメクジウオでは脊髄の腹側に運動ニューロンがあるものの，それらは脊髄の外に

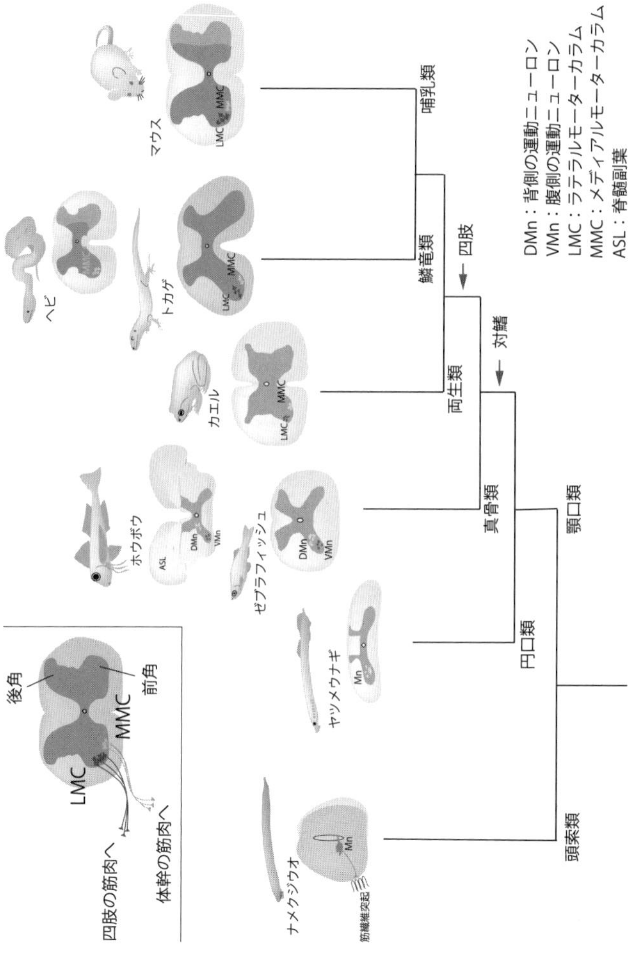

図 4.2　頭索類と脊椎動物の脊髄の断面
Wicht & Lacalli (2005), Murkami & Tanaka (2011) を改変.

は軸索を出さず，脊髄に接するところまで筋肉の突起がニューッと伸びてきて，神経はそれらとシナプス接続するのである（図 4.2）(Wicht & Lacalli, 2005)．メタスプリッギナの段階で現生の脊椎動物のような仕組みができていたかどうか？　これについては残念ながらわからない．ナメクジウオタイプの脊髄だったのか，現生のものと似たタイプのものだったのか，どちらの可能性も破棄できないのである．しかし，別の方法をとれば，もう少し踏み込んだことがいえる．脊椎動物の初期の段階で円口類と顎口類の系統が分岐したことがわかっているので，両者を比べたときに共通の要素があれば，それは円口類と顎口類の分岐以前，つまり脊椎動物の初期の段階でできていたと考えられるのだ．円口類のヤツメウナギの脊髄には前角と後角の構成が見られ，運動ニューロンの産生にかかわる *Shh* 遺伝子も顎口類と同じ様式で発現している（図 2.1，図 4.2）．そして，体を左右にくねらせる運動を制御するためには，上記の運動ニューロンを規則正しく活動させる神経機構が必要になる．これについては，これまでにヤツメウナギを用いてよく調べられており，脳幹（狭義には中脳と菱脳を含む場所）にある網様体がパターン製造装置としてはたらくことがわかっている (Grillner & El Manira, 2020)．したがって，円口類と顎口類が分岐する前の段階，すなわち基幹脊椎動物では，菱脳・脊髄において体幹部の筋肉をコントロールする神経機構の基本要素はすでにできあがっていたと考えられる．さらに，円口類にも顎口類にも，体幹部のものと似た種類の筋肉で眼を動かす仕組みがある．つまり，外眼筋と呼ばれるこれらの筋肉は，脊椎動物が発明したものだろう．眼は生存において極めて有益な器官であるため，それを任意の方向に動かせるようになったことは，脊椎動物の適応度をさらに向上させる重要な要素となっただろう．

水中を効果的に移動するには，水中で体勢を整え推進するための鰭《ひれ》が必要だ．カンブリア紀の脊椎動物の化石には鰭の痕跡が残っている．ただしこれらの種の鰭は，尾鰭に代表されるように正中線に沿った無対の正中鰭と呼ばれるものであり，胸鰭や腹鰭など，左右で対になった鰭ではない．対になった鰭は，飛行機の主翼や水平尾翼のように，水中で揚力を得ることや姿勢を安定させることにかかわる．進化した条鰭類（後述）では，胸鰭を自在に動かしてブレーキとしても使う．それ以前に，彼らがもつ浮力装置である鰾《うきぶくろ》は体の中央かあるいはやや下にあるので，うまくバランスをとらないと横にパタンと倒れたりひっくり返ったりしてしまう．死んだ魚はそうなっているはずだ．だから，条鰭類の対鰭は，水中でまともな姿勢を維持するという極めて根本的なことをするためにも必要なのだ．こうした対鰭をもたない基幹脊椎動物では水中での自在な動きは難しかっただろう．現生の頭索類ナメクジウオのように，敵の襲撃を受けると体を素早くくねらせてダッシュで逃げ，すぐに砂などに潜り込むようなことをしていたかもしれない．この程度の動きであれば，シンプルな脊髄神経系でも可能である．

カンブリア紀を生き延びた脊椎動物は，その後のオルドビス紀やデボン紀にさらなる発展を遂げる．この頃に登場する脊椎動物は，巨大な頭部をもち，そこが運動には不向きな強固な骨の板で覆われていた（**図 4.3**）．こうした骨の板は，当時の海に君臨していたウミサソリ類などの強力な捕食者から身を護るためのものだったのだろう．彼らはそうした防御用装甲のために頭部が重くなって重心が前寄りになり，頭を下げた姿勢で水底にあるエサをあさっていただろう．顎のない口で砂や泥を吸い込み，その中から有機物を体内に取り込み，不要物を体側の鰓穴から外に放出していたものと思われる．

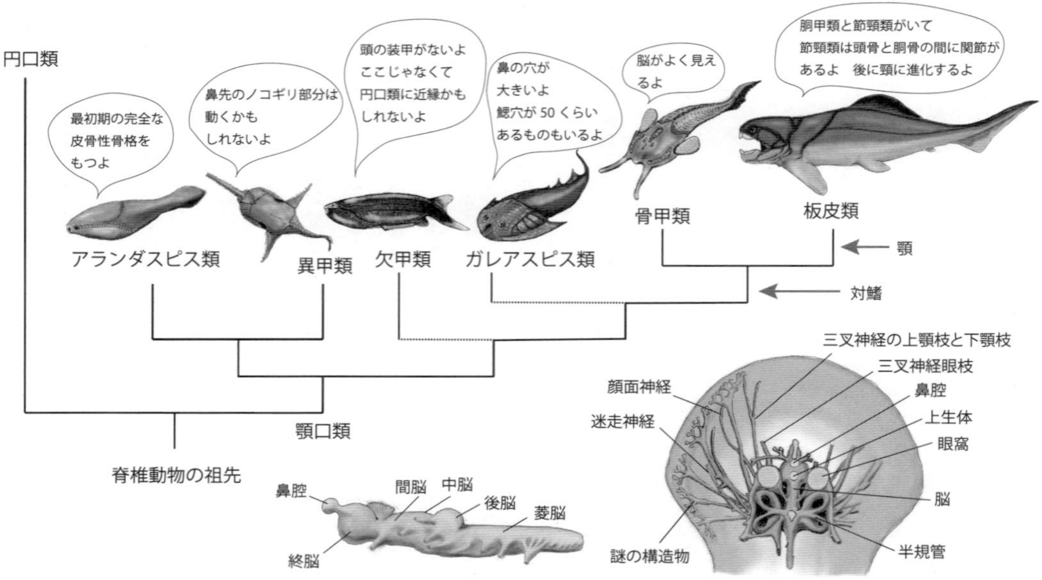

骨甲類*Norselaspis*の脳（側面図;左）と頭部の内部構造（背面;右）

図 4.3　甲冑魚 と骨甲類の脳

Janvier (1996) の図を改変.

これらの魚類は一般に甲冑魚と呼ばれている．その中には奇妙な形をしたものが多く，実に興味深い（図 4.3）．これら甲冑の内部には，頭部としての機能を担う筋肉や鰓や感覚器，そして脳が収まっている．驚くべきことに，その脳は前方から終脳，間脳，中脳，後脳（そこに小脳があるかどうかは不明）が確認できる (Stencio, 1927)．それに加えて，骨甲類の頭部には，クモの巣や水路のように広がった妙な形態の構造がある．これが一体何なのかについて，学会等ではいつも話題にのぼるのだが，未だ謎である．

甲冑をまとう魚は，成功したグループを含んでいた．彼らが装着している中世ヨーロッパの騎士のプレートアーマーのような装甲は，当時の生態系で有効な形質であったのは間違いない．一説によると，甲冑魚の一系統である板皮類は，様々な系統を派生させたようだ (Zhu *et al.*, 2013)．その中には軟骨魚類や条鰭類，肉鰭類も含まれる．そのうちの軟骨魚類は，ごつい甲冑を捨てて，象牙質とエナメル質様の組織からなる，つまり歯と同じ組成の鱗を全身にまとった (Qu *et al.*, 2015)．この鎖帷子のような鱗により，彼らは柔軟性を獲得した．これは人間の防具の歴史において西洋の鎧が鎖帷子から全身を覆う鎧に替わっていったのとは逆の傾向である．

4.2 化石魚類の脳を調べるには

化石の話が出たところで，化石から脳の形を知る研究について触れておきたい．これまでにいくつかの化石種で脳の形態が調べられている．これらは，頭蓋骨の中に残った空洞をもとに，そこに収まっていたはずの脳・神経系を再現するという手法を使う．これはエンドキャスト解析と呼ばれている．化石魚類の中には，頭部にしっかりした骨格をもつものがいる．ちなみにこれらの骨の多くは真皮の中に直接できる骨（皮骨）であり，我々の頭骨を構成する骨と対応がつく場合が多い．つまり，頭骨のパーツは進化の初期の段階で作られ，軟骨魚類ではそれらが二次的に退化したのであろう．これらの魚が生きているとき，硬い頭蓋骨の中には脳が収まっていたのだが，死んでしまうと脳は速やかに腐敗してしまう．ただし，脳が入っていた場所は頭蓋骨内に空洞として残される．そうした空洞から脳の形を再現すると，膨らんでいる箇所や窪んでいる箇所が見られ，また，脳神経とおぼしき枝が伸び出している．それらの形態を現生動物の脳に照らし合わせると，脳の形態が再構成できる（図4.3）．

このように，化石化した動物でも脳の形がわかるのだ．ただし，気になることがある．頭蓋骨の中にある空洞は，そのまま脳の外形を表しているのだろうか？　爬虫類や哺乳類などの場合，たしかに脳は頭蓋骨という筐の中にギュウギュウに収まっている．哺乳類等は大きくなりすぎた新皮質をなんとか入れようとして皮質をシワシワに折りたたんでいる．ヒトやゾウ，クジラの脳を見るとそれが顕著である．一方で，自分でヤツメウナギや魚の脳を取り出してみるとわかるが，これらの動物では頭蓋骨と脳の間には脂肪組織が詰まっていて，頭蓋骨の空洞は脳の外形と完全には対応していない．したがって，エンドキャスト解析で見られる結果が本当の脳の外形なのかどうかには疑問がある．ただし，最新式のCT技術を駆使したり，脳から出ている末梢神経を丁寧に見れば，かなり正確なことがわかる．

4.3 水中での世界認識

視　覚

動物の世界に「多様化」をもたらしたのは眼の進化であるという考えが，アンドリュー・パーカーによって提唱されている（パー

図 4.4　三葉虫 (*Walliserops*) の奇妙な形態とその複眼
ウィーン自然史博物館の標本を撮影.

カー，2006)．それまで化学感覚や機械感覚より他に周りの環境を認識する方法をもたなかったものたちが太陽から送られてくる電磁波をキャッチできるようになれば，周囲の情報を得る上で極めて有益だったと思われる．そうしたことから，光を受容できる眼を備えた動物が出現し，繁栄するようになる．脊椎動物に先んじて視覚を発達させ，当時の世界に君臨したのは無脊椎動物，その中でも節足動物であった．カンブリア紀に出現した三葉虫類は，その後に様々な形態に進化し，その中にはカタツムリのような長い目柄の先によく発達した複眼をもつものや，複眼が並んだ柱のような眼をもつものがいる (**図 4.4**)．またカンブリア紀の海で最も巨大な捕食者であったとされるアノマロカリス類も，よく発達した複眼をもっていた．これら捕食者からの攻撃から逃れるべくその接近を素早く認識するために，狩られる側にも眼を発達させるような淘汰圧がはたらく．その結果，動物界の多くの系統が眼を進化させることになった．脊椎動物も例外ではなく，カンブリア紀に出現した最初期の脊椎動物は我々と同様に一対の眼を備えているのである．しかも現生の円口類も顎口類も光を受容する網膜の形態は同じであり，さらにどちらも同じような錐体型の光受容細胞をもつ (Morshedian & Faiu, 2017)．ということは，両者の祖先が枝分かれしたカンブリア紀頃には，網膜をもつ眼があった可能性が高い．

嗅　覚

水中世界を認識するための方法として，化学物質の感知も有効であったと思われる．それができれば，見えないほど遠くにいる獲物や敵を察知できるし，光のない夜間でも深海でも情報が得られる．つまり化学感覚は，視覚系の弱点を補ってくれるものだ．そのため化学物質を受容できるようなシステムへの淘汰圧がかかり，視覚系と時を同じくして嗅覚系が現れたようだ．初期の脊椎動物には鼻孔の痕跡が認められるので，嗅覚は脊椎動物の最初期に獲得された可能性が高い．ただし，鼻孔は1つであり，それは円口類でも同じである（ただし円口類の鼻孔は1つだが，嗅球は左右2つある）．ヌタウナギでは，鼻孔が咽頭に抜けるという特殊化が見られる．一般的な魚類になると，鼻の穴が前鼻孔と後鼻孔を合わせて4つになり，匂い物質を含んだ水が前後の鼻孔の間を通り抜けるときに匂いが受容される．円口類の形態から鑑みると，このような4つ穴式の鼻孔は顎口類の系統で進化したと思われる．そして嗅覚の情報処理のための場として，終脳が確立し，嗅覚系の発展とともに拡大していく．円口類やチョウザメやハイギョでの終脳の背側部分（外套）は，ほとんどの場所が嗅覚系の入力に割り当てられていることからも，終脳外套が嗅覚の情報処理を担う場として誕生したと察せられる (Striedter & Northcutt, 2020)．ただし，古生物の頭蓋骨を使ったエンドキャスト解析により，初期の脊椎動物，すなわち板皮類や骨甲類の脳では，終脳が極めて小さいことが明らかになっている (後述)．このことは，終脳は脊椎動物の初期段階では極めて小さなものであったが，顎口類の系統が進化していく過程で飛躍的に大きくなっていたことを示している．これは，単一の鼻孔から 4 つの鼻孔への形態変化に伴う匂い受容の効率化とうまく対応しているように思われる．

匂い物質を受容する嗅覚受容体タンパク質は，四足類では大変に数が増えているが，初期の脊椎動物ではその数はとても少なかったようだ (Niimura, 2012)．なので，彼らは我々のように多彩な匂いは識別できなかったかもしれない．しかし，匂いのバラエティは貧相であっても，初期の脊椎動物は匂いには敏感であったかもしれない．顎口類と初期の段階で分岐した円口類では，ヌタウナギは真っ暗な深海でも動物の死体に群がってくるし，海に棲むヤツメウナギは産卵のために生まれた川に戻ってくる．その際にはサケのように匂いを感知していると考えられている．このことから，円口類と顎口類の分岐の前段階で，嗅覚系がかなりの段階まで進化していた可能性は高いと思われる．

記　憶

先ほど，ヤツメウナギがおそらく匂いを頼りに川に戻ってくると述べたが，これは言い換えると，ヤツメウナギは生まれた川の匂いを記憶しているということだ．記憶というのはとても重要である．なぜなら我々人間も，記憶があるから過去の自分と現在の自分を結びつけて「自我」や「自分という存在」を認識できるのだ．もちろん，円口類が作る記憶と我々が作る記憶には大きな違いがあるだろう．筆者の場合，就寝前になると，その日にあった嫌なことや，人前で大失敗した過去の体験が甦り，いたたまれなくなって直ちに死にたくなったり奇声を上げてしまったりするのであるが，飼っているヤツメウナギがそのような言動をとるのはこれまで見たことがない．おそらく記憶の能力は進化の過程で大幅に進歩したのであろう．記憶を司るのは終脳の海馬である．海馬の起源についてはまだまだわからないことが多いが，その機能の根幹をなす部分は脊椎動物の進化のかなり初期の段階に作られた可能性がある．

4.4 水中生活へのさらなる適応

側線感覚

水中で生きる生物にとって，体の周りには当然だが水がある．水は空気よりもずっと粘性の高い媒体であるため，空気よりもベッタリと張りついているように感じられる．我々の感覚でも，浴槽や温泉に浸かっているときに周囲の水が動けばすぐに体感できる．その感覚をもっとずっと研ぎ澄ませば，自身を取り巻く状況がとてもわかりやすくなるだろう．それに水は空気よりも電気をよく通すので，水中で電気を感知したり，自らが電気を放出したりできるようになれば，水中で生き残れる確率はより高くなるだろう．さらに電気を感知できる能力を応用すれば，エサとなる動物が出す微弱な電場を感知して捕食することができるし，磁場は電流を作り出すため，地磁気を感知することで広い海の中でのナビゲーション能力が手に入る．脊椎動物のうち，羊膜類以外の水性種は側線器という器官をもっている．これは魚の頭部や体幹部に見られるスジのようなものである．ここは溝あるいはトンネルのようになっており，その中に埋まるように感丘と呼ばれる感覚器がある．

感丘の中には特徴的な突起を備えた有毛細胞という感覚細胞があり，それで機械刺激，すなわち周囲の水の動きを感知することで，魚類は水中で障害物や他個体に衝突することなく動くことができる．さらに，いくつかの魚類や両生類はこの器官で電気も感じることができ，自身の位置を確認したり，エサをとったりすることに役立てている．軟骨魚類のロレンチーニ器官は優れた電気受容器として有名だ．側線器は側線神経によって支配されている．側線神経は頭部や体幹部に張り巡らされていて，側線器が受容する機械感覚や電気感覚の情報を受け取り，菱脳に伝えている．その形態や神経回路はれっきとした脳神経なのであるが，羊膜類では側線神経

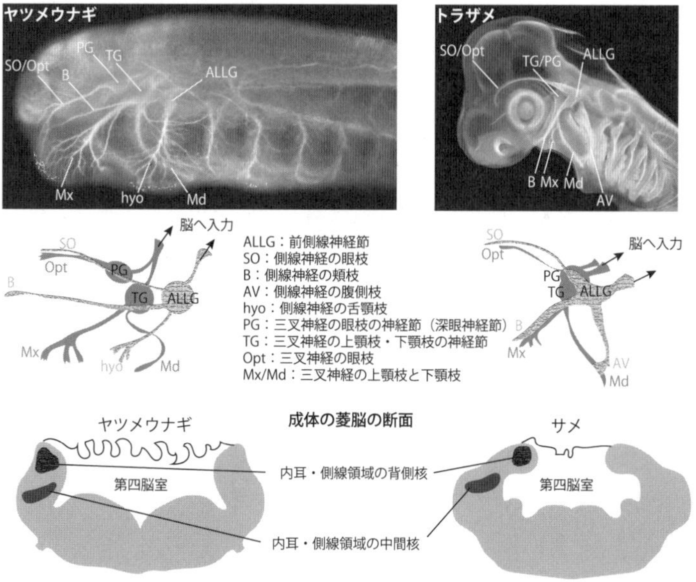

図 4.5　側線神経

脳の断面は Striedter & Northcutt (2020) を改変.

が失われているので，ヒトの解剖学で学ぶ 12 対の脳神経には入れられていない可哀想な神経である．では，側線が担う感覚は初期の脊椎動物には存在していたのだろうか？　現生の円口類を見ると，ヤツメウナギには他の脊椎動物とよく似た形態の側線器（ただし一般的な魚の側線器がトンネル状なのに対しヤツメウナギのものは溝状）や側線神経があり，機械感覚や電気感覚を受容している (Striedter & Norhcutt, 2020)．ヤツメウナギの脳にはこれらの神経が入力する内耳・側線 (octavolateralis) 領域がある（**図 4.5**）．この場所は小脳と構造が似ていることから小脳様領域と呼ばれている．ヌタウナギの場合，側線神経は極めて発達が悪いが，ちゃんと存在しており，その枝の位置や形態はヤツメウナギと似ているようだ (Wicht & Northcutt, 1995)．そして，側線神経は，脊椎動物の外群にあたる系統である脊索動物（尾索類のホヤや頭索類のナメクジウオ）では見いだされていない（ただし有毛細胞に似た細胞はある）(Striedter & Northcutt, 2020)．このことから考えると，メタスプリッギナのような最初期の脊椎動物から円口類と顎口類の系統が分岐するまでの間に，機械感覚と電気感覚を司る側線神経系ができたと考えられる．水中で生きていく上で，この神経系の獲得は極めて有益であっただろう．現在の水性無羊膜類の多くがこれを大事に受け継いでいることからそれは明らかである．

5

脳の設計図

5.1 円口類と顎口類

脊椎動物の進化において，円口類と顎口類の分岐は極めて重要なポイントである．かたや円口類が外部寄生や腐肉食をしながらかろうじて生き残っているのに対し，顎口類は陸海空で大繁栄し，地球での支配的地位を築いている．両者のこの大きな違いをもたらした要因は，顎の有無である可能性があり，それについては後述する．しかしおよそ5億年前に両者の分岐が起きた後も，脊椎動物には無顎の時代が長く続いたようだ．現在では顎口類と呼ばれる系統も，その進化の初期には顎をもっていなかったらしい．その頃の彼らを呼称するなら「無顎顎口類」である．トゲナシトゲトゲという昆虫（ホソヒラタハムシ類の一種）がいるが，そんな感じである．このように「名は体を表さない」例は生物界には枚挙に暇がない．地球の生物に著しい多様性があることの裏返しだろうし，現生生物をもとに作られた分類名をその祖先にまであてはめようとすれば，いろいろと齟齬が生じてしまうということだろう．

顎をもつ最初の魚類が出現したのはシルル紀頃だといわれている(Janvier, 2002)．顎はもともと鰓を支持していた骨格（鰓弓骨格）や，鰓の運動を行っていた筋肉（鰓弓筋）が変形して獲得されたと考えられている．鰓弓は上下に稼働することでポンプのように水を体内に運び込むことができるため，初期の脊椎動物が鰓弓を獲得したことは代謝や運動能力の向上につながったと考えられる．そうした鰓弓の仕組みが顎の進化における前適応になったと考えられる．前適応とは，できた当初はそれほど役に立たなかったものが，別の環境に置かれたときに予想しなかった利点を表すことをいう．脊椎動物の肺とか，四国と本州を結ぶ瀬戸内しまなみ海道（E76 西瀬戸自動車道）の歩行者用通路のようなものだ．しまなみ海道では，当初は地元住民の利便性を上げるために本来高速道路である橋の横に歩行者や自転車が通れる小さな道が作られたのだが，そうすると美しい瀬戸内の風景を眺めながらまるで空を飛んでいるように海の上を渡っていけることがわかったので，しまなみ海道は今や自転車乗りにとって憧れの場所となり，世界中から自転車乗りが集まって地元を潤している．この場合，「しまなみ海道の歩行者用通路が，当地がサイクリストの聖地となるための前適応となった」といえるのだ．顎をもつ魚類のうち，現在の魚類につながる系統でこれまでに見つかっている最古のものは，棘魚類（軟骨魚類と近縁）のクリマティウスや条鰭類と肉鰭類が分かれる前の系統のアンドレオレピスである（**図 5.1**）．さらに，シルル紀頃には，我々羊膜類につながる系統である肉鰭類のメガマスタックスもいたようだ(Choo *et al.*, 2014)．このような古い時代にそれらの系統が出現していたのは驚くべきことである．その後，顎をもつ系統の子孫は地球上のあらゆる場所に生息域を広げていく．その過程で，顎をもたない顎口類系

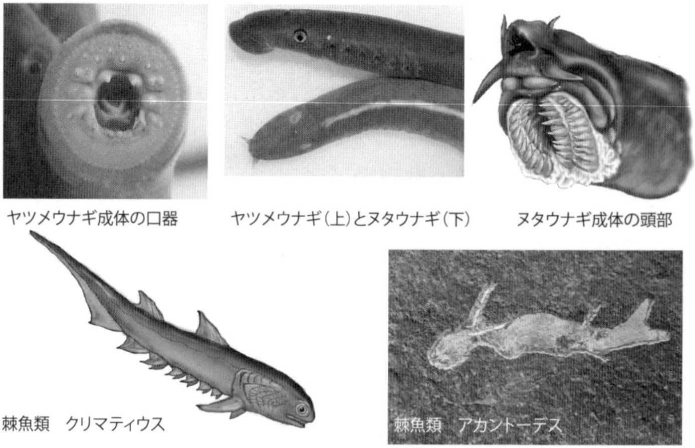

図 5.1　棘魚類と円口類

棘魚類はペルム紀頃に絶滅した．円口類の写真は菅原文昭博士から提供されたもの．アカントーデスの化石はウィーン自然史博物館にて撮影．

統の多くが滅びていき，顎口類で顎をもたないものは消え去ってしまった．しかし，顎口類とは別系統の無顎の脊椎動物，円口類は生き残り，現在も生き延びているのは先に述べたとおりである．

現生の円口類はヤツメウナギ類とヌタウナギ類の 2 系統のみである（図 5.1）．かつての考えでは，ヤツメウナギとヌタウナギは別系統とされ，ヌタウナギが脊椎動物の外群になっていて，脊椎動物とヌタウナギを合わせたグループが有頭類と呼ばれていた．現在では，ヤツメウナギとヌタウナギの類似性が認められ円口類という名称が用いられるようになっており，有頭類という系統群は認められない (Mallatt & Sullivian, 1998)．この系統関係の解明には分子系統学と比較発生学の進歩が大きく貢献している (Kuraku & Kuratani, 2006)．

5.2 脊椎動物の黎明期の脳

それでは，円口類と顎口類が分岐した頃の脳がどんな様相を呈していたのかを推測しよう．そうしながら「脊椎動物の脳とはこういうもの」ということがわかるようにしていきたい．たとえば「自動車の歴史」を学ぶときにも，まず自動車の各部の名称やパーツの役割についての説明があれば，各部の改変がなされた意味や，それによってどのように性能が向上したのかがわかりやすいであろう．「モビルスーツ」という兵器がいかなるものかがわからなければ，いくらランバ・ラル大尉に「ザクとは違うのだよ，ザクとわあ」と言われてもいまいちピンとこないであろう．

5.3 菱　脳

脳のことを前方から話すか後方から話すかについては，世に出ている国内外の書籍を見ても様々であるが，本書では後ろから見ていく．その理由は，脳が感覚情報を集めてそれを統合し，適切な運動出力をする過程が，概して脳の後方から前方に向けて進められていることによる．しかしこうして脳を後ろから話していく場合，往々にして「つまらない」あるいは「地味」という致命的な問題に直面する．それについては，話の始まりとなる，脳の後端に位置する菱脳があまり目立たない場所であることが理由として考えられる．映画を観る際にも，最初がつまらなければ鑑賞する意欲は落ちるであろう．逆に，序盤が素晴らしければ勝ったも同然である．そう考えると，脳の話は意識や記憶を司る終脳から始めるべきなのかもしれない．事実，筆者が脳の授業を行う際にも，菱脳の話になるとリアル空間から脱して電脳空間（スマホ）や夢想空間（睡眠）に旅立つ学生が頻出する．しかし菱脳は，発声にかかわる神経要素があったり，逃避にかかわる巨大な神経細胞があったりと，仮想空間に負けず劣らず面白い場所である．それに，ここには脳の発生をよく表す特徴がいくつも見られ，脳発生を知るための出発点としてはなかなかに理想的な場所なのである．

これからの話は，現生円口類と顎口類の脳がもつ共通性をもとに，彼らの共通祖先，すなわち「基幹脊椎動物」の脳形態を推測したものである．

菱脳は今も昔も体幹や付属肢から脊髄を通ってやってくる感覚情報が集まる場所であった．基幹脊椎動物でも，現生の脊椎動物と同様に，菱脳にはこれらの線維が入出力する神経核が前後軸に沿って，ちょうど丸太を横に寝かせたように並んでいただろう．この丸太は，似たような性質をもつ神経核が集まったものだ．丸太と表現したが，形態学では一般に柱を横にしたようにイメージされるためカラム（column：円柱の意）と呼ばれる（**図 5.2**）．また，菱脳を輪切りにしてその断面を見ると，感覚性のカラムが背側に，運動性のカラムが腹側に並んでいる．こうしたカラムは中脳の被蓋という場所でも見いだされるため，菱脳と中脳を連続的な構造として捉える考えがある．しかし，中脳のカラム構造はブチブチと分断されているように見え，甚だ不明瞭である．また，中脳と菱脳では発現する遺伝子が大きく異なり，さらに両者の間には形態や遺伝子発現による大きな境界がある（図 2.1）．したがって菱脳は，それより前の部分とは異なる設計思想で作られているように見える．菱脳にしてみれば「中脳とは違うのだよ，中脳とわあ」と叫びたいであろう．知らんけど．

また，基幹脊椎動物の菱脳と中脳には，神経細胞（ニューロン）と神経線維が網状に混ざり合った網様体という場所があっただろう．網様体はどこか曖昧模糊としていて，機能がはっきりわかる場

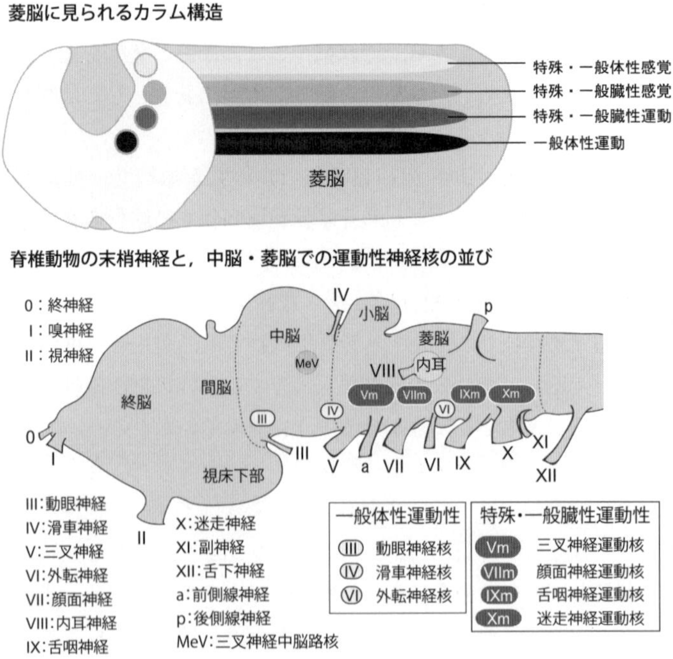

図 5.2　菱脳のカラム構造と末梢神経

丸太のようなカラムの一つ（特殊・一般臓性運動）を例にすると，前から三叉神経運動核，顔面神経運動核，舌咽神経運動核，迷走神経運動核が並んでおり，これらは全て鰓弓を支配する運動ニューロンの集団（運動神経核）である．感覚器から高次中枢に向かっていく神経線維は求心性線維，中枢から出ていく神経線維は遠心性線維と呼ばれている．

所ではないため，あまり関心がもたれていない可哀想な領域であるが，実は脳の機能を考える上でとても重要である．この領域は脳の様々な場所から入力を受け，運動系の要素に連絡しているので，そのおかげで我々は協調性のある運動を行うことができる．菱脳の網様体の中には巨大なニューロン群があり，それらは前後軸に沿って規則的に並んでいるので系列相同物と呼ばれる（**図 5.3**）（Metcalfe

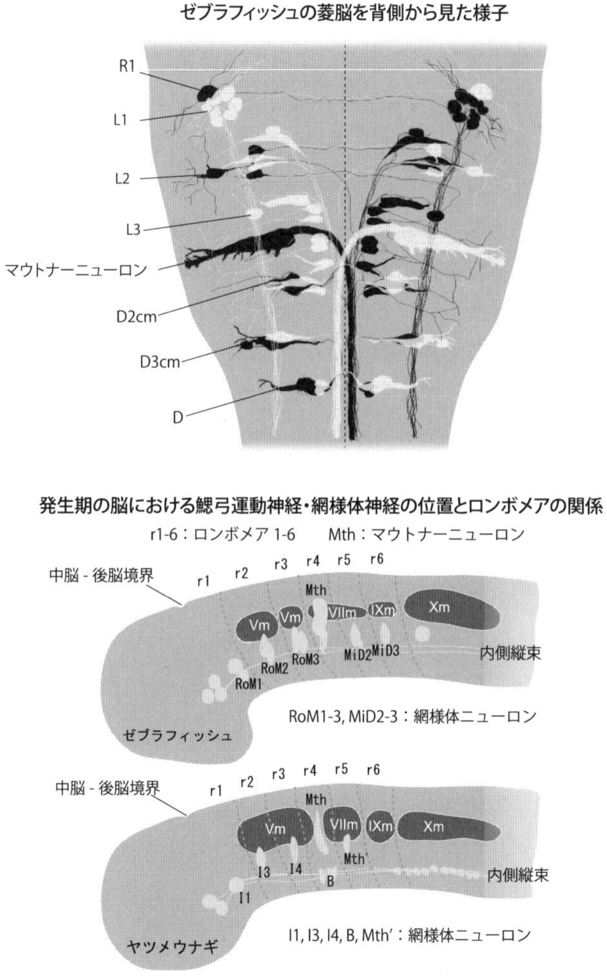

図 5.3　マウトナーニューロンと発生期の菱脳

Metcalfe *et al*. (1986) を改変.

et al., 1986). これらの中にはマウトナーニューロンと呼ばれる超巨大な神経細胞があり，その巨大な樹状突起で視覚系や内耳から入力を受け，同じく巨大な軸索によって運動系に情報を伝えている(図 5.3). その軸索は交叉して尾側に伸びながら，その途上にある運動ニューロンと接続して，逃避行動に関与する．つまり，敵がきた情報が片方の目や側線からマウトナーニューロンに伝えられ，次いでマウトナーニューロンからの指令が交叉性の軸索によって反対側の運動ニューロンに伝わることで，その側の筋肉が収縮し，刺激とは逆方向に体がくいっと曲がるのである．マウトナーニューロンはヤツメウナギにも存在している．したがって，円口類と顎口類が分岐する前の段階，すなわち基幹脊椎動物の段階で緊急逃避にかかわる神経システムができあがっていたと思われる．この仕組みは顎口類においてマウトナーニューロンの軸索がミエリン鞘で包まれ伝導速度が上がったことで，さらに強力なものとなった．これは体が水中に浮かんでいる動物では効果的な仕組みであるが，陸上動物ではそれほど有益ではないためか，羊膜類ではマウトナーニューロンが失われることになる．再び水中生活に戻ったウミヘビ類やクジラ類でも残念ながら復活する兆しはない．

菱脳の発生

基幹脊椎動物の発生期の菱脳には，一過的にではあるが不可思議な分節構造が見られたはずだ．菱脳を上から見るとまるで脳の中に物差しの目盛りがあるようにも見えただろう．この分節が発生期の菱脳を特徴づける大きな特徴であり，菱脳がどのような設計思想のもとで進化してきたのかを知る重要な鍵となる．この分節は，比較形態学の分野でスウェーデン学派と呼ばれる人々によってロンボメア（菱脳分節あるいは菱脳節）と名づけられたものだ．ロンボメア

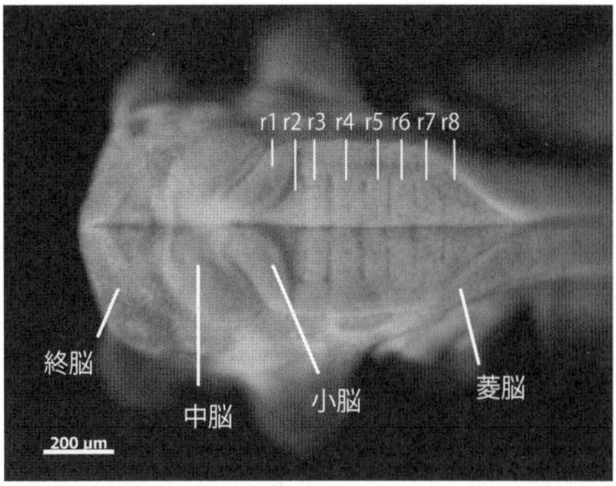

図 5.4　発生期のナマズに見られるロンボメア構造

受精後 2 日目のナマズ胚を背側から見たもの．r1-7：ロンボメアの分節構造．写真撮影，糸山達哉氏，川中寅生氏．

はおおよそ 12 ほどあるとされるが，実際に形態学的に確認できるのは 8 つくらいである（**図 5.4**）．ロンボメアは先ほど述べたカラムと直交するようにあり，その境界は，興味深いことにカラム内の神経核の境界と対応している．つまりロンボメアは，カラム構造を神経の性質によって区分けするカラクリが目に見える形で現れたものといえよう．この分節は，頭部にある鰓弓と深い関係があるようだ．個々の鰓弓は鰓弓神経と呼ばれるいくつかの神経が支配している．たとえば三叉神経は顎骨弓を支配し，顔面神経は舌骨弓を支配する．これらの鰓弓神経はそれぞれ決まったロンボメアに接続している．三叉神経は 2 番目のロンボメアに入出力し，顔面神経は 4 番目のロンボメアに出入りする（図 2.1）．脊椎動物の頭部が鰓弓という繰り返し構造をもっているために，脳にもロンボメアという繰り返し構造ができていると考えるべきだろう．付け加えると，網様体の巨大細胞もロンボメアに対応して発生し，マウトナーニューロンはどの脊椎動物でもロンボメア 4 に生じる（図 5.3）（Murakami *et* *al.*, 2004).

菱脳を規定する *Hox* 遺伝子

比較形態学の世界で一時脚光を浴びた神経分節は，その後しばらく顧みられなくなるが，20 世紀の終わり頃に再び注目されることになる．発生調節遺伝子である *Hox* 遺伝子がロンボメアにぴったり対応して発現していることがわかったのだ（図 2.1）．つまり，ロンボメアは単なる皺や膨らみではなく，遺伝子によって区画化された脳の基盤構造であった．一時忘れられていたスウェーデン学派の主張が再認識されたのである．かくして 20 世紀の最後の 10 年間に，雨後のタケノコのごとく，多くの論文が出されることとなった．その頃筆者は大学院生であったが，毎週のように驚異的な発見が続き，教科書の内容が次々と書き換えられていった時代の只中で研究を行うという極めて刺激的な体験をした．

先ほど述べたように，特定の *Hox* 遺伝子の境界は脳分節の境界と対応している．これについては，分節に対応して *Hox* 遺伝子が発現する，というより，*Hox* 遺伝子が規則的に発現しているせいで分節構造が作られている，と解釈した方がいいのかもしれない．実際，*Hox* 遺伝子の下流ではいくつかのタンパク質（Eph やそのリガンドであるエフリン ephrin）が特定の分節原基に限局して発現することで，そこに生じる神経細胞の移動が制限された結果，分節が作られると考えられている（Cooke & Moens, 2002）．できあがった分節は特定の脳神経の出入口を提供し，体性感覚や聴覚の情報が最初に入力する神経核を備えることで，脳と頭部要素をつなぐ重要な場所となる．一見地味に見える菱脳も，他の脳領域には見られない独特の発生を見せてくれるのである．

5.4 ミエリン鞘の獲得

円口類のヤツメウナギもヌタウナギも髄鞘（ミエリン鞘）が見いだされていないため，基幹脊椎動物の脳神経系は無髄神経で構成されていた可能性がある．ミエリン化された軸索では跳躍伝導が起こり，神経伝導のスピードが上がる（**図 5.5**）．言い換えれば，ミエリンをもたない脊椎動物では，体が大きくなった場合，尻尾の先に何かが触れてもそれを脳で感知するまでに時間がかかってしまうだろう．初期の無顎類に小型のものが多いのはこれも関係しているかもしれない．一方，ミエリンを獲得していたと思われる初期の顎口類には，ダンクルオステウスに代表される 10 メートル近いサイズを誇る種がいた．このことを考えると，ミエリンの獲得は顎口類の進化的な成功に少なからずかかわっているのかもしれない．

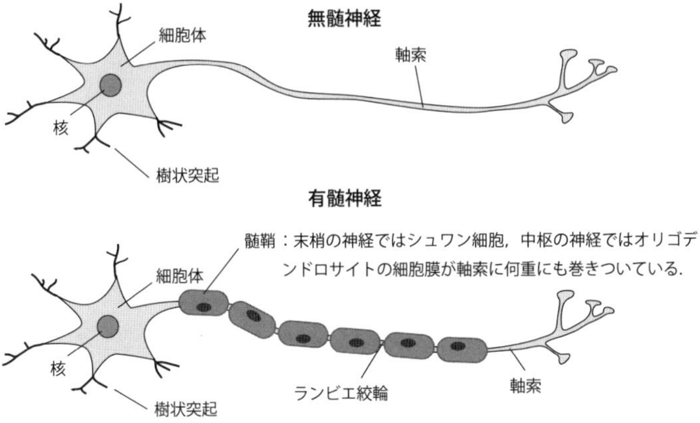

図 5.5　無髄神経と有髄神経

髄鞘は絶縁性が高いため，電流は軸索が剝き出しになったランビエ絞輪の間を跳躍伝導する．

5.5 中脳の構造

中脳は「中の，中位の」脳という名称（mesencephalon）のとおり，脳の真ん中くらいに位置している．すでに多くの感覚器を進化させていた基幹脊椎動物は，よく発達した中脳をもっていただろう（**図 5.6**）．その背側には視蓋（optic tectum）と半円堤（torus semicircularis）があり，腹側には被蓋（tegmentum）があった．中脳を天蓋のように覆う視蓋は，その表層で視覚の情報を多く受けていた．また，眼球に付属する外眼筋により，基幹脊椎動物の眼は様々な向きに動くことができただろう．外眼筋を制御する動眼神経の細胞体も，基幹脊椎動物の中脳に存在していた．

基幹脊椎動物の被蓋には，網様体（中脳網様体）や黒質など，辺縁系の一部を構成する神経核が存在していた．ただし赤核（小脳と関係し運動にかかわる場所）はなかっただろう．中脳と菱脳の移行部（峡：isthmus）には縫線核群の一部や青斑核などがあった．縫線核にはセロトニン作動性のニューロンが，青斑核にはノルアドレ

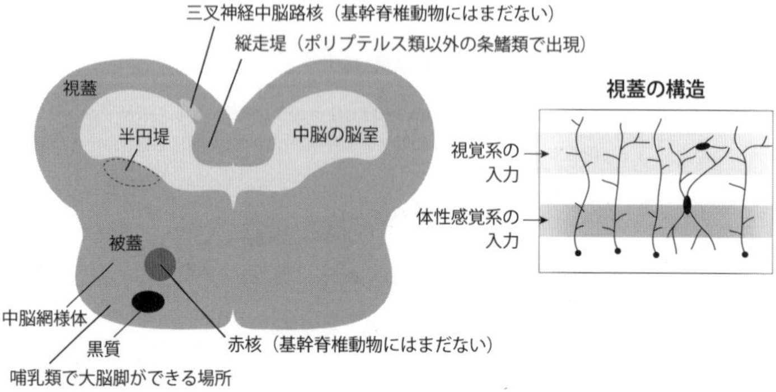

図 5.6　中脳の構造

Butler & Hodos (2005) を改変.

ナリン作動性のニューロンが，そして先ほど述べた黒質にはドーパミン作動性のニューロンがあった．これらの物質を神経伝達物質とするニューロンは，その軸索を脳の様々な場所に張り巡らせており，脳機能において重要な役割を担っていただろう．

中脳の発生

基幹脊椎動物の神経管には，発生の過程でいくつかの膨らみができていく仕組みが備わっていたが，それに付随して分子的な違いも生じていた．つまり，遺伝子の発現の仕方が神経管の前後に沿って不均一になっており，複数の重要な遺伝子が集中的に発現している箇所があったのである．そうした場所が脳の発生における特異点となっていた（**図 5.7**）．その一つが中脳と後脳の境界部にできる峡部オーガナイザー(IsO)であり，そこは *Otx2* と *Gbx2* という転写調節因子の発現領域の境界にあたる．というか，この境界がそもそもこれらの遺伝子の拮抗的作用によって作り出される．ニワトリを用いた仲村らの研究によれば，*Otx2* は IsO を挟んで前側（後に中脳ができる側）に発現し，*Gbx2* が IsO の後方（後に菱脳/小脳ができる側）に発現する(Katahira *et al.*, 2000)．これら 2 つの遺伝子は発生の初期では IsO のあたりに重複して発現しているが，発生の進行に伴い，これらは互いにその発現を抑制し合い，やがて明瞭な発現境界ができる．そしてその境界すなわち IsO では，*Otx2* と重なるように *Wnt1* が発現し，*Gbx2* と重なるように *Fgf8* が発現する(Hidalgo-Sanchez *et al.*, 1999)．FGF8 タンパク質はここで鍵となる役割を果たす．FGF8 タンパク質は IsO の前方（*Otx2* 側）と後方（*Gbx2* 側）に分泌されるが，*Otx2* 側では FGF8 の作用が弱まり，それが中脳発生のきっかけとなる．その後，*Pax7*，*Pax3* などの遺伝子が発現し，中脳が分化する．*Wnt1* は中脳においてドー

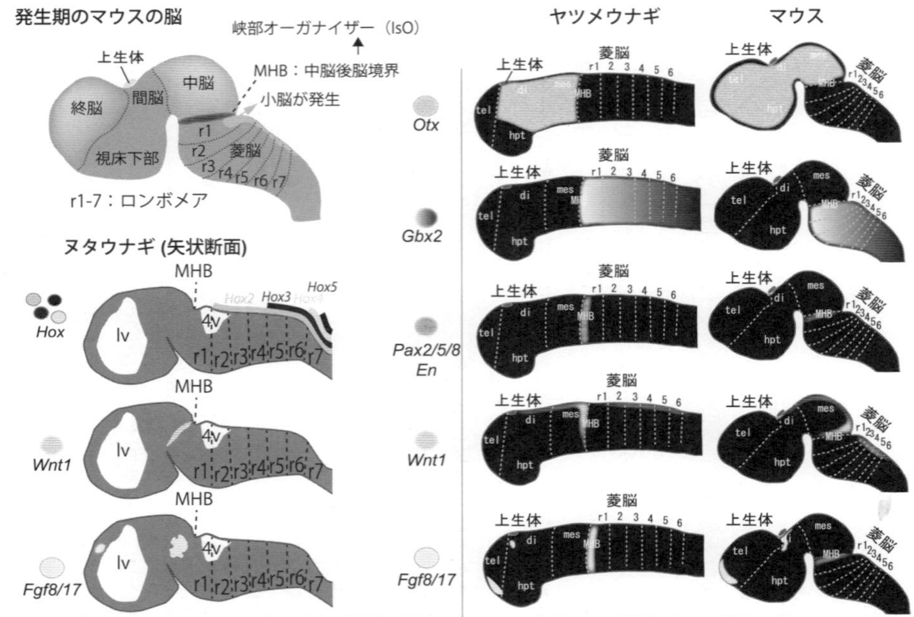

lv：側脳室（終脳の脳室）　4v：第四脳室（菱脳の脳室）　tel：終脳　di：間脳　hpt：視床下部　mes：中脳

図 5.7　中脳領域の発生

Sugahara *et al*. (2016, 2017), Murakami & Sugahara (in press) を改変.　→ 口絵 1 参照

パミン作動性ニューロンの産生にかかわる.

多くの脊椎動物の発生期の中脳原基には「*Pax6* が発現しない」という重要な特徴がある, 基幹脊椎動物もそうであった可能性が高い. かつてナメクジウオには「視蓋」と名づけられた場所があり, ここが脊椎動物の中脳に相同であるとされたが, 鈴木らの研究により, ナメクジウオの視蓋には *Pax6* が発現していることが明らかにされ, 他のいくつかの形態学的証拠と合わせて, ナメクジウオには中脳の相同物が存在しないという考えが提唱されている (Suzuki *et al.*, 2015).

5.6 基幹脊椎動物の間脳

間脳は, 中脳の前にある領域である. 後方では視蓋前域で中脳と接し, 前方では視神経交叉のところで終脳と接している. 先に述べた小脳や中脳が脳の背側にプクッと膨らんでいるのに対し, 間脳は脳の背側にも腹側にも突き出している. 間脳は背腹軸では背側 (翼

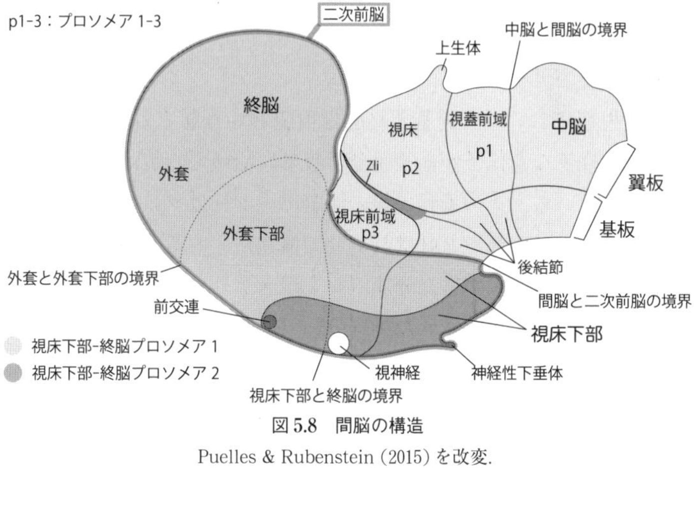

図 5.8　間脳の構造
Puelles & Rubenstein (2015) を改変.

板）と腹側（基板）の要素に分けられ，前後軸では3つの領域に分けられる（**図5.8**）．これら3つのうち，翼板側にある領域は，後ろから視蓋前域，視床，視床前域である．そして基板側は主として後結節（posterior tuberculum）からなる．こうした形態は，円口類と顎口類の共通祖先すなわち基幹脊椎動物に存在していたと思われる（Sugahara *et al.*, 2016）．ただし，その動物の視床はあまり発達していなかった．視床は終脳へ入力する神経線維の最も重要な中継地の一つである．つまり，初期の脊椎動物では視床–終脳間の連絡が未発達だったのである．

視床下部は漏斗，乳頭体など多くの神経要素を含み，自律神経系の中枢として，神経内分泌にかかわる下垂体と密接に関係し，自律神経機能，摂食，日周期リズムなど生物の生存に必須な機能（いわゆる植物神経系としての機能）を担う．睡眠と覚醒の制御にかかわることでも知られる．この場所はとても起源が古く，ナメクジウオにも似た構造があり，そこで発現する遺伝子も脊椎動物と共通している（Ogasawara, 2000）．

間脳の発生

胚発生期において，間脳と終脳は前脳という膨らみから生じる．前脳には様々な遺伝子が前後軸や背腹軸に沿って特徴的なパターンで発現している．その過程で後の間脳パートにはプロソメア（前脳分節あるいは前脳節）と呼ばれる分節構造が生じる（図5.8）．先ほど菱脳のところで出てきた分節（ロンボメア）と同じく，スウェーデン学派によって提唱された神経分節（ニューロメア）の間脳版である．ただし，プロソメアはロンボメアほど明瞭な形態を示さない．ベルグクイストのような慧眼をもつ研究者には見えても，筆者のような通常の研究者には見えない．たいせつなものは目に見えないのだ（サン・テグジュペリ『星の王子さま』）．それが見えるようになるには遺伝子の力を借りなければならない．ちなみに筆者がいくつかの遺伝子の発現によってヤツメウナギ胚の脳にプロソメアの境界がクッキリと描き出されているのを見たとき，「見えるぞ，私にもプロソメアが見える」とア・バオア・クー戦でのシャアのような台詞を吐いたのは懐かしい思い出である．何が言いたいかというと，このことから基幹脊椎動物の間脳原基には，プロソメアが存在していたと推測できるのである．

前脳からは眼（の網膜）や松果体，視床など，様々な構造が発生する．また，視床と終脳をつなぐ軸索路などの重要な神経回路も作られる．前脳は左右に突出して眼胞を生じ，そこには層状になった網膜が発生して，神経節細胞やアマクリン細胞などのニューロンの形成が行われる．神経管の内腔のうち，間脳にあたる部分は第三脳室となる．また重要な点として，神経管腹側の *Shh* の発現が背側に伸びてきて zona limitans intrathalamica (Zli) を形成し，Zli から分泌される SHH タンパク質がプロソメア 2(p2) とプロソメア 3(p3) の分化にかかわるため，必然的に Zli が p2 と p3 の境界となる (Kiecker & Lumsden, 2004)．また，Zli の背側で発現する *Fgf8* 遺伝子も間脳のパターニングに関与している．発生期のヤツメウナギには，これらの遺伝子発現や Zli が見られる．

多くの脊椎動物では，視床（の背側）にある手綱核に左右非対称性が見られる．このような非対称構造が形成されるのは，Nodal というタンパク質が発生期の視床上部の左側で特異的にはたらいているためで，真骨類（ゼブラフィッシュ），軟骨魚類（トラザメ），そして円口類（ヤツメウナギ）でそれが確認されている (Lagadec *et al.*, 2015)．トラザメでは Nodal の下流標的因子である *Pitx2* 遺伝子も手綱核で左右非対称に発現している．

こうしたことから，間脳の形態や非対称性にかかわる仕組みは，基幹脊椎動物に備わっていたと考えられる．

比較形態学・発生学から見た間脳の形態

間脳の領域構成については，古くから形態学，組織学，そして発生学の観点で様々な研究が行われてきた．レンダールは，間脳が synencephalon と posterior/anterior parencephalon に分けられることを指摘している (Rendahl, 1924)．これらにはこれまで日本語の名称が定着してこなかったが，名古屋大学の山本直之博士のご提案により，synencephalon を「合脳」，parencephalon を「傍脳」と呼ぶことにしたい．

近年の分子発生学の発展に伴い，ニワトリやマウス，アフリカツメガエル等を用いて，間脳の領域が転写因子などの領域マーカー遺伝子の発現と照らし合わせて調べられ，発生期に見られるプロソメアとの対応関係が示されてきた．その結果，合脳と傍脳前部/後部はそれぞれ，プロソメア 1 とプロソメア 2/3 の背側要素（翼板）におおよそ対応していることが明らかになった．レンダールの主張が現代の分子発生学で裏づけられたのである．

5.7 視床下部

前脳の前方腹側に生じる視床下部は，他の間脳領域（プロソメア 1～3）とは発現する遺伝子の種類が異なる例が多い．たとえば，*Nkx2.1* 遺伝子は他の間脳領域には見られない．奇妙なことにこの遺伝子は，発生期の終脳に特徴的なものだ（図 2.1)．こうしたことから，視床下部領域と終脳とを合わせたものを一つのコンパートメント（区画）と捉える，いささか過激とも思える考えが，プロソメアモデルを提唱したプエイエスらの研究グループから出されている（図 5.8）（Puelles & Rubenstein, 2015）．この視床下部–終脳コンパートメントは二次前脳（secondary procencephalon）と名づけられている．つまり，従来のモデルでは視床下部は間脳に含まれるが，このモデルでは視床下部は二次前脳に含まれる．これは終脳と間脳という区分けを根本から覆す考え方である．この考えは羊膜類だけでなく軟骨魚類や条鰭類の脳にもあてはまるとされ，スタンダードな仮説になりつつある．

5.8 脊椎動物の終脳

終脳はそのラテン語名 telencephalon（終わりの脳）が示すとおり，脳の前端にある．そのため端脳とも呼ばれる．終脳は多くの脊椎動物，特に羊膜類では感覚器からの情報を受け取り，複雑かつ高度な情報処理を行い，それに基づく運動プログラムを出力する最高次の中枢である．また，記憶の貯蔵庫としても機能しているため，入ってきた情報をこれまでの経験と照らし合わせて適切な応答を構築することができる．さらには情動（怒り，喜び，悲しみなどの感情）にも深くかかわる．このように終脳は極めて重要な役割を担っており，そのためなのか，羊膜類への進化過程で大型化する傾向が見られる．羊膜類の中でも哺乳類の終脳のサイズは際立って大きく，ヒトの脳の外観はほとんど終脳が占めている．その巨大さゆえに，ヒトをはじめとする大型哺乳類の終脳は大脳（cerebrum）と呼ばれる．

いろいろな脊椎動物の終脳の断面を見ると，その際立った多様性は明白である（**図 5.9**）．終脳はおそらく脳の中で最も劇的な変化を遂げてきた領域であり，まさに脳進化の極致といえよう．脊椎動物の終脳は嗅覚との関連が深いようだ．事実，円口類や軟骨魚類では終脳の多くの領域が嗅覚の処理にあてられている．ただし，鳥類や

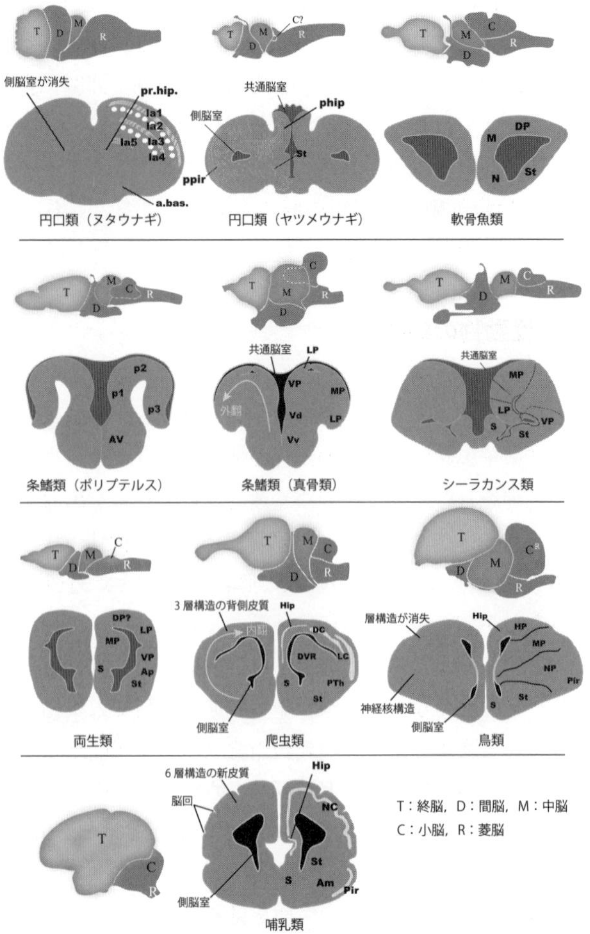

図 5.9 脊椎動物の終脳

a.bas.:area basalis telencephali, AV:area ventralis telencephali, Am:扁桃体核群, DC:背側皮質, DVR:背側脳室稜, DP:外套背側部, Hip:海馬, HP:高外套, la1-la5:layers 1-5, LC:側皮質, LP:外側外套, M:内側外套, MP:中外套, NC:新皮質, NP:外套巣部, pr.hip.:primordium hippocampi, Pir:梨状葉, PTh:外套肥大部, S:中隔域, St:線条体.

哺乳類では嗅覚との縁が薄れ，嗅覚以外の多くの機能が発達していく傾向がある．

5.9　基幹脊椎動物の終脳

基幹脊椎動物の終脳について，円口類と顎口類の比較研究の結果から考えてみると，おそらく極めて単純な構造であるにせよ，基幹脊椎動物の終脳は，現生種と同じく，嗅球と終脳半球（大脳半球）に分けられていただろう（**図 5.10**）．嗅球は嗅上皮から嗅神経の軸索を受け取り，匂いの識別を行う場所だ．終脳半球を横から見ると，背側には外套（pallium）があり，その下（腹側）には外套下部（subpallium）があった（図 2.1，図 5.10）．このうち外套には終脳皮質，海馬などがあった．嗅球も発生を辿れば外套が突き出したものだ．一方，外套下部には線条体や淡蒼球などの大脳基底核群が存在しており，運動にかかわっていた．つまり外套と外套下部という

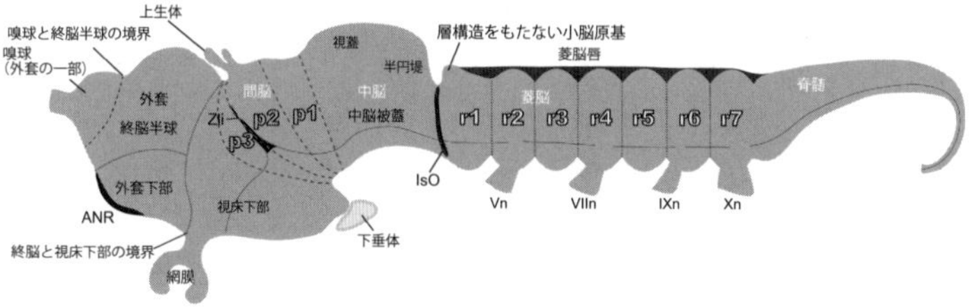

脳の領域・構造

終脳：	間脳：	中脳：	菱脳：
外套	前脳節（プロソメア：p1-3）	視蓋	菱脳節（ロンボメア：r1-7）
外套下部	上生体	半円堤	菱脳唇
前交連	手綱交連，後交連	中脳被蓋	小脳の原基
	視交叉，視床下部	網様体	鰓弓神経の神経根（Vn, VIIn. IXn, Xn）

脳のオーガナイザー

ANR	Zli	IsO

図 5.10　祖先的脊椎動物の脳の予想図
Sugahara *et al*. (2017) を改変.

2つのフィールドをもち，それらを基盤とした神経要素の起源は極めて古いということだ．

終脳にはいくつかの交連，すなわち左右の脳を橋のように連絡する神経束がある．これらのうち前交連は多くの脊椎動物に共通に見られる交連であり（図5.8），ヤツメウナギにも存在することから，脊椎動物の共通祖先の段階でできあがっていたと考えられる．ただし，円口類では終脳前部の交連の形態が他の脊椎動物とかなり異なっているが（Sugahara *et al.*, 2016），これはこの系統で終脳の形が独自に変化してきたことによるものだろう．

終脳の発生

終脳は神経管の前端に形成される．この過程では吻側神経稜（ANR）あるいは交連板（CP）と呼ばれる領域がオーガナイザーとしてはたらき，そこからシグナル分子であるFGF8タンパク質が分泌され，終脳のパターニングにかかわる．また，皮質原基の後ろにある皮質縁（cortical hem）と呼ばれる場所もシグナルセンターとしてはたらき，そこからはBMPやWntが作用する．また，終脳腹側部の形成にはSHHが重要な役割を担っている（図2.1，図5.10）．

このような終脳領域の発生には，特定の転写調節因子が重要な役割を担っている（Puelles *et al.*, 2000）．外套と外套下部の境界は，*Pax6*と*Dlx*の遺伝子の境界となっている（図2.1）．*Pax6*の発現ドメイン（発現場所）と*Dlx*の発現ドメインが外套と外套下部をそれぞれ規定する．驚くべきことに，上に述べた遺伝子発現様式や発生期の終脳形態のほとんどがヌタウナギで確認されている（Sugahara *et al.*, 2016）．ということは，終脳を作り上げる仕組みは，円口類と顎口類の分岐以前にできあがっていたことになる．

6

顎の成立と脳の改変

6.1 円口類の脳

以上見てきたように，円口類と顎口類が分岐する前の段階で，脳を構成する多くの要素ができあがっていたことがわかる．それはおそらく5億年以上前という恐ろしく古い頃だ．だからといって，現生の円口類の脳が「原始的な」段階に留まっていると考えるのは誤りである．円口類の系統が派生してから現在に至る間に，彼らは独自の脳を進化させてきた．その結果，円口類の脳は他の脊椎動物のそれとは異なる要素が多くなり，さらには円口類という系統内でも，ヤツメウナギ類とヌタウナギ類の脳形態は大きく異なるものとなった．同じグループでこれほどまでに形態が異なっている例は珍しい（**図6.1**）．一見すると，ヤツメウナギの脳は細長く，ヌタウナギの脳は平べったい．そして，ヤツメウナギの脳は終脳が小さく，延髄がとても大きいのに対し，ヌタウナギは終脳が相対的に大きい．ヌタウナギの終脳内部は，脳室（側脳室）がもはや確認不

図 6.1　円口類の脳

写真は菅原文昭博士，イラストは佐々木苑朱氏による.

能なまでに，細胞がぎっしり詰まっており，そこには明瞭な層構造が見られる（図 5.9）．化石魚類のエンドキャスト解析から推測すると，ヤツメウナギの脳がヌタウナギの脳よりも他の脊椎動物に近い形態をしているようだ．おそらくヌタウナギの系統で脳が独自に変化したのだろう．また，最近の研究ではヤツメウナギの終脳もヌタウナギほど明瞭ではないが層構造をもつことがわかっている (Suryanarayana *et al*., 2017).

6.2 ターリーモンスターの正体

古生物学の世界には，いくつか類縁関係が不明なものがある．少し前まではコノドントと呼ばれる不思議な歯状の化石の持ち主の正体が謎であった．最近ではその持ち主は，脊椎動物の一系統で円口類に近縁とされるクリダグナサス (*Clydagnathus*) ではないか

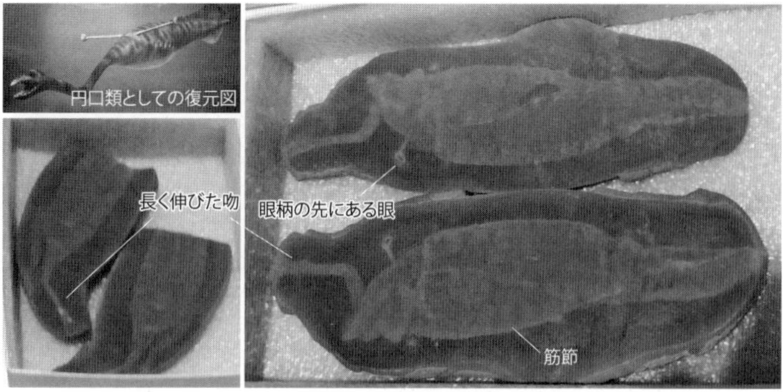

図 6.2　ターリーモンスターの化石と復元図
シカゴフィールド博物館所蔵の標本．写真提供，滋野修一博士．

といわれている．同様に，イリノイ州のメゾン・クリークで見つかった奇妙な化石についても，軟体動物ではないか，いや節足動物ではないか，と様々な意見が出ていた．それはヒレのついた楕円形の胴部をもち，体の両側に長く突き出した眼柄の先に丸い眼をもち，極めて奇妙なことに口が象の鼻のように長く前方に伸び，その先に歯を備えたワニのような口がついている（**図 6.2**）．その大きさを別にすれば，一見するとカンブリア紀のモンスターとして有名なオパビニア（*Opabinia*）に似た印象を受ける（図 3.3）．この動物はトゥリモンストゥルム（*Tullimonstrum gregarium*）と名づけられた．一般的にはターリーモンスターの名でも呼ばれている．近年，この奇妙な動物が脊椎動物であり，それも円口類の 1 グループであるとする論文が提出された（McCoy *et al*., 2016）．その根拠は，脊椎動物の特徴である脊索をもっていること，筋節をもっていること，3 つの葉に分かれた脳があること，口にある歯がヤツメウナギと同じケラチン質であること，円口類の特徴である舌状器のような構造をもつことにある．同時に出されたもう一つの論文によると，この動物は黒色色素胞を備えた網膜をもっており，そこには円筒形と球形の色素胞が層状に配置している．このように2つの異なる形態の色素胞が網膜色素上皮を作っている点が，脊椎動物の特徴を表しているという．ただし，後になって，こうした色素細胞のパターンは脊椎動物の他にも軟体動物の頭足類（タコやイカが含まれるグループ）にも見られることが判明し，そうした特徴を調べると，ターリーモンスターは脊椎動物よりも頭足類に近いとする論文が出ている (Rogers *et al*., 2019).

話は逸れるが，頭足類は脊椎動物とよく似たカメラ眼を進化させている．ただし，その網膜にある細胞の配置は脊椎動物とは大きく異なっている．むしろ網膜の中で光が入ってくる側に視細胞を配置させている彼らの眼の方が，いくつもの細胞層を通過してやっと視細胞に光が届く構造になっている脊椎動物よりも，光学的には理にかなった構造をしている．一方で，脊椎動物型の網膜では視細胞をケアする機能をもつ細胞が視細胞に隣接して配置できるので，多くの視細胞を備えた網膜を作るには有利だという考えもある．とにかく，脊椎動物と頭足類は収斂進化によりそれぞれカメラ型の眼を進化させる過程で，その素子としての色素細胞のパターンも似通ったものになったのだろう．

6.3 顎の獲得

顎とは，上下の骨が蝶番状の関節でつながった構造である．これはちょうどハエトリソウが昆虫をとらえるワナのように，上下から挟み込むことで獲物をしっかりホールドし，さらには獲物の息の根を止めたり，消化しやすいように細かく磨り潰したりできる．こうして見ると，我々の口には，進化史上類を見ないような猟奇的な装置が備えつけられていることになる．他の無脊椎動物からすれば，

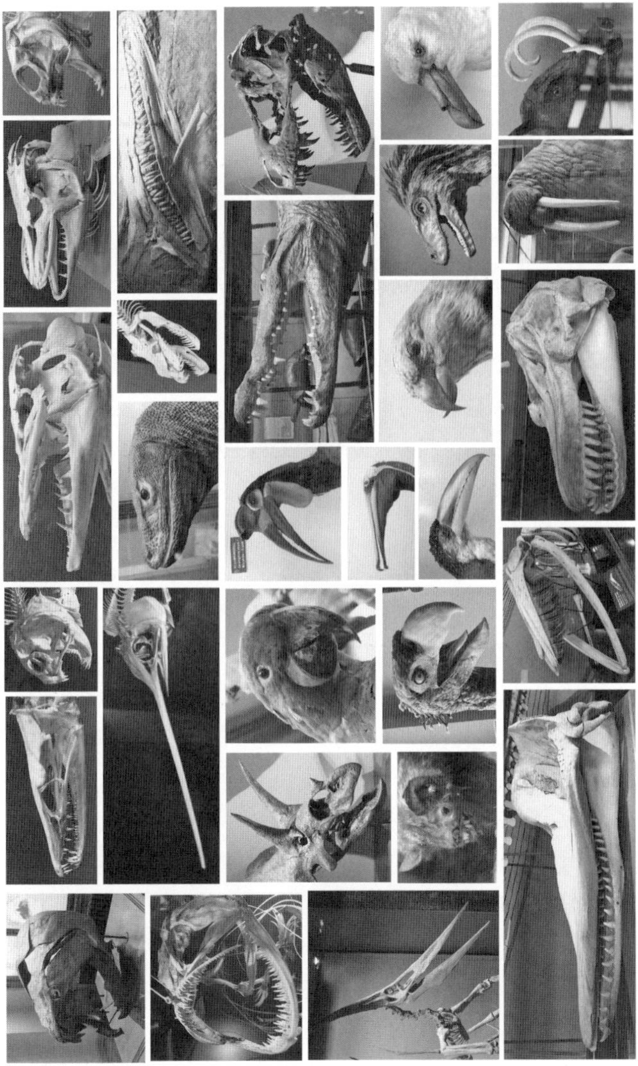

図 6.3　脊椎動物の顎
ウィーン自然史博物館にて撮影.

脊椎動物の顎は恐怖の象徴であろう．脊椎動物である我々から見ても，巨大な顎がまとうイメージは強烈であり，それをタイトルにしたスティーブン・スピルバーグ監督の映画『ジョーズ (JAWS)』(1957) は全世界に衝撃を与えた．本作に登場する巨大ホオジロザメが沈みゆくオルカ号に乗り上げ，巨大な顎でロバート・ショウ演じる漁師を食べるシーンはトラウマものである．しかも顎は，捕食のためだけの装置ではない．いくつかの系統では，顎の骨が音の伝導にかかわっており，聴覚においても重要な装置となっている．顎をもたない円口類がヤツメウナギ類（およそ 38 種）とヌタウナギ類（50〜80 種）の 2 系統，120 種程度しか現存していないのに対し，顎口類は現生種数が 4 万種を越え，その形態にも著しい多様性があることを鑑みると，顎の獲得が顎口類の適応放散に寄与したであろうことは想像に難くない（**図 6.3**）．このよくできた装置を使いこなすには，神経系もそれに合わせて整備される必要がある．それでは顎の進化に伴って神経系はどう変わったのかを見ていこう．

6.4 顎のための神経：三叉神経

我々の顎を支配しているのは三叉神経である．したがって，顎の進化と三叉神経には深いかかわりがあるだろう．この神経は，顎をもたない段階の脊椎動物ではどうなっていたのか？　それについては無顎一族の末裔である円口類が参考になる．実は円口類にも三叉神経があり，それは我々と同じく 3 つの枝に分かれている．それらのうち，眼枝と呼ばれる 1 番目の枝は我々とおそらく相同である．そもそも眼枝は顎を支配しておらず，眼の上を鼻先に向けて伸びているので，顎の進化とはあまり関係がないと思われる．顎を支配しているのは三叉神経の 2 番目の枝と 3 番目の枝であり，顎をもつ系統で上顎枝，下顎枝，とそれぞれ呼ばれている．これらの枝については，ヤツメウナギにも（顎がないのに）上顎枝，下顎枝と呼ばれる枝がある．それらは三叉神経節にある細胞体から伸びてきており，その細胞体からは別の枝が脳の方に伸びて，菱脳に入力している．この神経節の場所や大まかな形は顎口類と円口類でよく似ている．しかし，詳しく見ると両者には大きな違いがあるようだ．つまり，顎の獲得に伴い，そこを支配する神経系も，一見した概要は同じでも，その構成が変わった可能性があるのだ．特に上顎枝については，詳しい研究によっていくつかの証拠が提示されている．我々の上顎枝には，上顎そのものを支配する成分と，顎の先端部分，つまり鼻先のあたりを支配する成分がある．顎のない円口類ではこの両者が明確に区別できないのだ（**図 6.4**）（Higashiyama & Kuratani, 2014)．つまり顎の獲得に伴い，上顎枝の内部構成が変わってきたらしいのである．下顎枝についても，円口類のものは，先ほど述べた三叉神経節の中で細胞体がある位置が顎口類とは大きく違う (Koyama *et al*., 1987).

円口類と顎口類の三叉神経の違いは，末梢に伸びる枝に留まらな

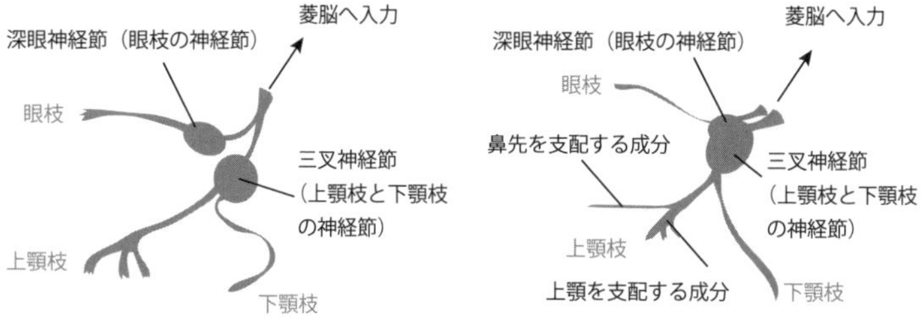

図 6.4　円口類と顎口類の三叉神経の形態
図 4.5 も参照．Murakami & Watanabe (2009) を改変．

い．脳に接続するところも違うようだ．この違いは脳の情報処理にかかわるので重要である．我々の三叉神経は菱脳で三叉神経主感覚核と三叉神経脊髄路核の 2 つに入力するが，円口類の菱脳には三叉神経主感覚核が見いだされない (Koyama *et al.*, 1987)．哺乳類の場合，三叉神経主感覚核は，触覚や圧力の感覚（識別感覚）を扱い，三叉神経脊髄路核は温度や痛覚（主情感覚）を扱うという機能分担がある．つまり，円口類と顎口類の分岐の後，顎口類の系統で顎が進化する過程で，三叉神経の情報を識別感覚と主情感覚に分けて処理できるように神経核が再編成された可能性がある．また，この過程で側線神経との関係性も変化しており，三叉神経と側線神経がセットになって感覚を受容する仕組みができている．また，毒ヘビのところで後述するが，顎の形態や機能が大きく変わると，三叉神経感覚核の周辺も変わってくる．

三叉神経中脳路核

顎と神経系とのかかわりを語る上で，欠かすことができないのが三叉神経中脳路核だ．この神経核はその名のとおり中脳にあり，顎にある筋肉の張力をモニターする筋紡錘という装置からの感覚情報を受け取って三叉神経運動核に伝えることにより，顎の筋肉の運動調節に関与する（図 5.6)．顎をもつ脊椎動物には当たり前のように存在するこの核が，円口類には見られない．したがって，顎口類の系統において，顎が進化する過程で確立されたと考えられている．顎口類も初期の段階では顎をもっていない．これらの「顎なし顎口類」にこの神経核があったかどうかは，現時点ではわからない．ただ，ヤツメウナギには延髄の背側に dorsal cell という大型の細胞がいくつか存在しており，これらと中脳路核との進化的関係性が示唆されている (Rovainen, 1967)．だとしたら，中脳路核と相同な細胞は脊椎動物の祖先の段階でできていたが，顎をもつ系統ではそれが顎に関する機能を新たに担うようになった可能性がある．発生学的には，この神経核は神経堤細胞に由来する．なので，三叉神経中脳路核の進化には，神経堤細胞の発生機構の変化が深くかかわっているだろう．

6.5 水中での運動

水中を自由自在に動き回るためには，周囲の情報を集める様々なセンサー（感覚器），捕食や呼吸のための効率的な装置（顎・鰓），体を動かすための効果器（筋肉）を整備しなければならない．それと同時に，自在な運動を可能にするための制御中枢が必要になる．運動のために必要な脳要素は終脳の基底核と，小脳だ．基底核の重要な要素である線条体は，実際に円口類での出力系の主要なものとなっており，視床下部や中脳被蓋にある運動コントロール系の神経と接続している．おそらく終脳の外套下部にある基底核群は，進化の初期の段階において運動を担う重要な場所として整備されたのだろう．ヤツメウナギにおける基底核にかかわる運動系の神経回路が，驚くほど哺乳類のそれに似ているというグリルナーらの実験結果もこの仮説を支持している（**図 6.5**）（Suryanarayana *et al.*, 2017）．次に小脳であるが，まずは一般的な知見を紹介する．

6.6 小脳の形態

小脳は cerebellum と書く．これは大脳を意味する cerebrum というラテン語に，小さいという意味の-ellum がついたもので，つまりは小さい脳という意味である．その名のとおり，両生類や爬虫類では相対的に小さいが，それでもその中には多くの神経細胞がある．種によっては終脳や中脳よりも巨大化している例も見られる

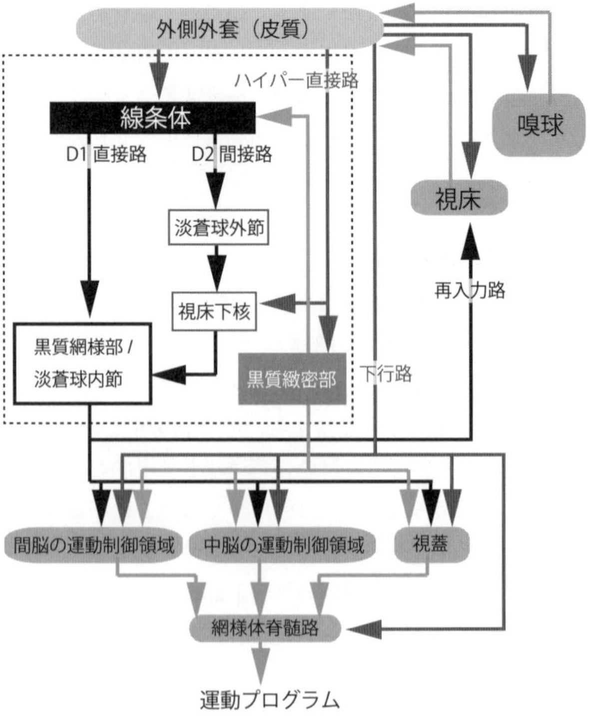

図 6.5　ヤツメウナギの運動制御回路

Suryanarayana *et al*. (2017) を改変.

(**図 6.6**)．このように，小脳は脳の中でも系統によってそのサイズが大小様々で，多様性という点では他の脳領域を圧倒している．小脳は形の多様性や神経細胞の数だけでなく，その機能も極めて重要で多岐にわたる．いささか荒っぽい言い方ではあるが，その動物の身体能力の高さを計りたければ，小脳を見るのが一番である．鳥類や哺乳類のように活動的な種では小脳が大きい．

脊椎動物ではいずれの種でも，小脳は菱脳（橋）の吻側部が中脳

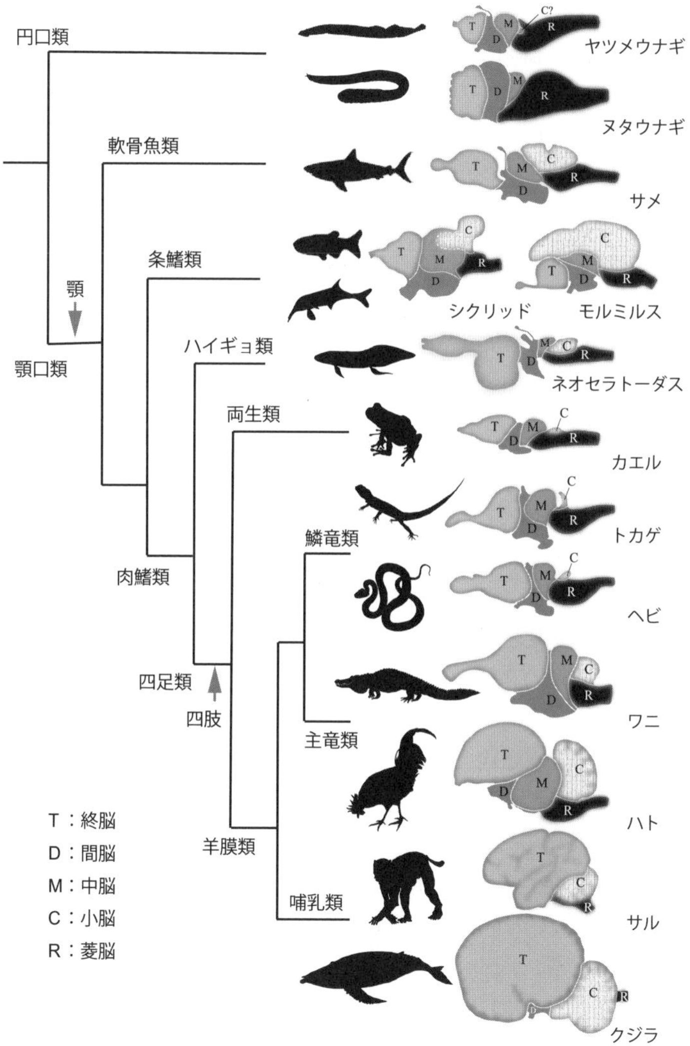

図 6.6　脊椎動物の小脳

Murakami & Sugahara (in press) を改変.

と接する部分の背側に生じる（図 6.6）．そこには一つの無対の隆起部，すなわち小脳体が観察される．多くの脊椎動物ではここが小脳の主要な領域となり，脊髄小脳路という経路によって，自身の体の関節の曲がり具合などがどうなっているかという情報（固有感覚）を受け取っている．小脳体は哺乳類で虫部と呼ばれる領域にほぼ相当する．ただし，条鰭類，少なくともその中の真骨類では，終脳由来の情報も小脳体に送られてきているので，小脳体≒虫部というような単純なものではないかもしれない (Imura *et al*., 2003)．小脳にはさらに小脳耳 (auricle) という領域が付属しており，ここには平衡覚の情報が入力する（第 7 章参照）．ここは四肢動物（四足類）では片葉 (flocculus) と呼ばれている．哺乳類や鳥類の片葉は視覚と平衡核との統合にかかわる．

小脳には独特の形態をした神経細胞（ニューロン）がある（**図 6.7**）．それらのうち代表的なものがプルキンエ細胞である．プルキンエ細胞は大変ユニークな形をしたニューロンで，超巨大な細胞体と，著しく発達した樹状突起をもつ．印象に残る形をしているため，神経関係の書籍や学会のポスターにもよく使われている．小脳にはその他にもいくつかのニューロンが特定の場所に存在しており，その存在様式に従って小脳は，分子層，プルキンエ細胞層，顆粒層（顆粒細胞層）という 3 つのパートに分けられている（図 6.7）．

小脳の周辺には小脳と連絡する多くの神経核がある．それらは小脳脚と呼ばれる神経路によって小脳と連絡し合い，先に述べた顆粒細胞やプルキンエ細胞に情報を伝えている．小脳脚は多くの軸索を含む大変よく発達した神経路であるため，小脳はまるでキノコのように小脳脚の「柄」の上に小脳皮質の「傘」が覆いかぶさったように見える．この形態は昆虫類の脳に見られ，社会行動などにかかわ

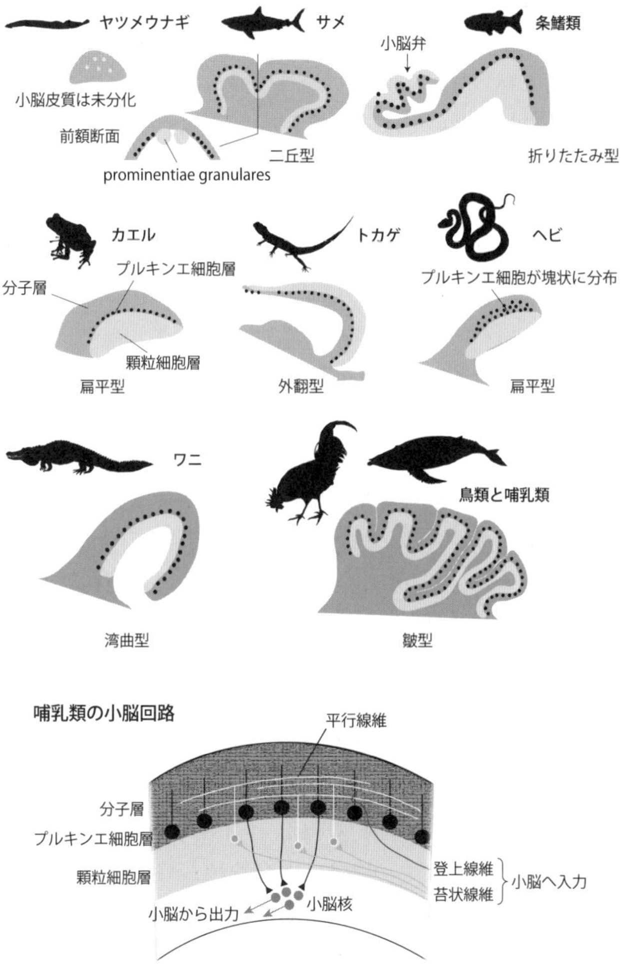

図 **6.7**　脊椎動物の小脳の内部構造

小脳にはこれら以外にもゴルジ細胞，星状細胞，バスケット細胞と呼ばれるニューロンが存在する．ただしバスケット細胞は魚類や両生類では見いだされていない．Butler & Hodos (2005), Murakami & Sugahara (in press) を改変．

る「キノコ体」に似ているようだ．ちなみに哺乳類の終脳も，内包という線維束が作る柄の上に新皮質の傘がかかったキノコのように見えなくもない．脳が発達すればキノコのような形になるというのか？　脳の発達においては「脳のキノコ化現象」とでもいうべき共通の仕組みがあるのかもしれない．東宝の『マタンゴ』(1963) という作品では，主人公たちが南海の孤島に漂着すると，そこにはキノコ型怪物の「マタンゴ」がたくさんいて，それらに襲われたら自身もマタンゴ化するという「自分がキノコになる恐怖」が描かれていた．最近でも『The Last of Us』というホラーゲームで，ゾンビ化が進むと頭部がキノコ状になるさまが描かれていた．しかし，我々自身の脳がそもそも巨大なキノコ状構造物であるのに，「キノコ，キノコになるぅ～」と恐れ戦くのはなんだか皮肉かつ滑稽である．

話を小脳に戻そう．小脳への入力線維には，苔状線維と登上線維という 2 つの終末型がある．苔状線維は顆粒細胞とシナプスを作り，登上線維はプルキンエ細胞とシナプスを形成する．苔状線維から情報を受け取った顆粒細胞は，その軸索を分子層に伸ばす．軸索はそこで T 字状に分かれて平行線維となり，それがプルキンエ細胞の樹状突起の間を通り抜けて走行する（図 6.7）．通り抜ける際に，平行線維とプルキンエ細胞の樹状突起の間でシナプス接続がなされる．情報を受け取ったプルキンエ細胞は，小脳核に接続する（例外的に平衡覚にかかわる小脳領域では，プルキンエ細胞の軸索は主に前庭神経核に接続する）．プルキンエ細胞は GABA を神経伝達物質とする抑制ニューロンなので，小脳核の細胞を抑制する．つまり，プルキンエ細胞の活動が抑制されたときにのみ，小脳核のニューロンは情報を外に出力することができる．

6.7 小脳の誕生

では，基幹脊椎動物において，小脳はどのような状態だったのか？　小脳には円口類と顎口類との間に大きな隔たりがある．円口類のヤツメウナギでは小脳が未発達であり，さらにヌタウナギでは小脳が見られない．そのためか，円口類は水中を自在に動くことは苦手である．水槽でヤツメウナギを飼っていても，ずっと水槽のガラスにへばりついて，その不気味な吸盤を我々に見せつけているだけである．ヤツメウナギやヌタウナギが水中を華麗に舞う姿はちょっと想像できない．これが顎口類になると話は別だ．現生顎口類の中で最初に分岐したとされる軟骨魚類は，とても優雅に水中を泳ぐし，彼らの洗練された捕食能力は，人を含め多くの生物にとって恐るべき脅威でもある．こうしたことから，小脳は顎口類の系統で進化したとする考えがある．顆粒細胞，プルキンエ細胞，分子層を備えた構造を「小脳」とするのであれば，その考えは正しい．しかし，つい最近になって，その見解を一部覆す事実が発生学の分野からもたらされた．中脳の発生のところで述べた峡部オーガナイザー(IsO)を思い出していただきたい（図 2.1，図 5.7）．ここが小脳発生の鍵となる場所である．IsO の *Gbx2* 側に分泌された FGF8 タンパク質が菱脳のロンボメア 1 の背側に小脳を発生させるのだ．ヤツメウナギ胚の中脳と菱脳の境界部（IsO 相当領域）には *En*，*Pax2/5/8*，*Wnt1*，*Fgf8* の相同遺伝子が発現する．さらに，小脳を欠くとされるヌタウナギでさえ，中脳/後脳の境界より前方に *Otx* 相同遺伝子の発現が見られ，さらには IsO 相当領域に顎口類と同じように *Wnt1* や *Fgf8* 相同遺伝子の発現が見られる (Sugahara *et al.*, 2017)．つまり，IsO は円口類に存在しており，このことは小脳を特異化する機構の多くが，円口類の分岐以前の段階で確立されていたことを示している．基幹脊椎動物は，「真の小脳」はないけれども，それを作れるだけの発生基盤は備えていたのだ．顎口類の系統では，祖先が確立し維持してきたこの機構が起動し，小脳体の発達や，プルキンエ細胞と顆粒細胞の分化など，さらなる発展を遂げたのではないかと推測される．

それでは顎口類では何がきっかけとなって小脳に革新的な進化が起こったのだろうか？　正直なところ，わからない．しかし，初期の顎口類で発展した胸鰭や腹鰭などの対鰭が関係しているかもしれない．これらの鰭は水中を3次元的に移動する上で極めて重要である．鰭を駆使して移動するには，自身の姿勢がどのようになっているかを正確に知る必要があり，同時に適切な運動情報を出力しなければならない．したがって，平衡・運動制御の中枢としてはたらく小脳の発達が促された可能性がある．事実，平衡感覚にかかわる半規管の数は，円口類ヤツメウナギでは前半器官と後半器官の2つであるが，顎口類では水平半器官を加えた三半規管をもつ．対鰭については，化石の記録が参考になるだろう．初期の顎口類である骨甲類のセファラスピスやノルセラスピスでは対鰭が認められる（図4.3）．そしてこれらの系統の脳をエンドキャスト解析で調べると，後脳の背側部が肥大している．また，初期の顎口類のうち対鰭をもたないガレアスピス類でも，体幹部は太くてよく発達しているように見える．そうであれば，そこには多くの皮膚感覚器や筋肉があり，そこからの触覚や固有感覚が脳に送られていたと考えられ，それらを受ける場として小脳の進化が促された可能性がある．このように脊椎動物の小脳は，その発生機構が確立した後，形態や機能の進化と深くかかわりながら，5億年の歳月をかけて発展してきたのである．

6.8 板皮類の脳

化石魚類の話が出たので，最初に顎をもった魚についての話をしよう．古生物学の知見によれば，顎口類で初めて顎をもったのは板皮類の系統である．彼らはかなり成功したグループで，当時の生態系の頂点に君臨する種もいたようだ．有名なのはダンクルオステウスである（図 4.3）．その強大な頭骨には，歯の代わりに骨の板が並び，その姿はまさにモンスターである．そのサイズも桁外れに大きい．しかも，頭骨は現在の我々のように下顎だけが稼働するのではなく，上顎も動いたようだ．そうした板皮類では，ロムンディナ（*Romundina*）という種の保存のいい化石を使ってエンドキャスト解析が行われている（**図 6.8**）．その結果によると，彼らの脳には現

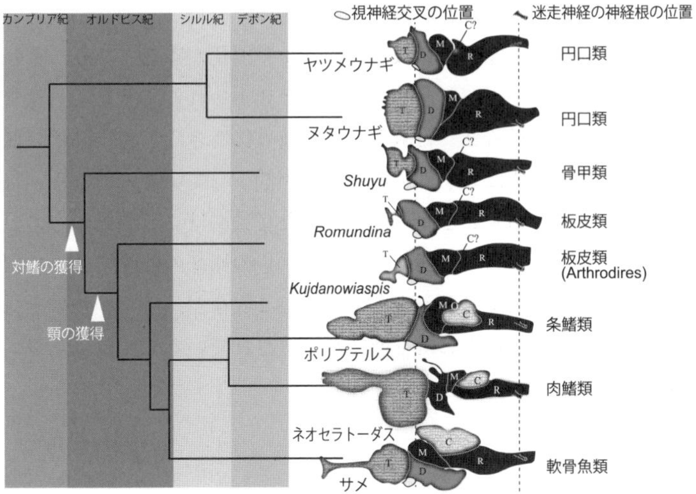

図 6.8　初期の脊椎動物の脳

Dupret *et al*. (2014), Murakami & Sugahara (in press) を改変．略号は図 6.6 を参照．

生の我々と同じく，終脳から菱脳に至る領域がちゃんと揃っていた (Dupret *et al*., 2014)．ただし終脳はずっと小さい，というか前方に伸びていない．これは円口類にも見られる特徴である．つまり，脊椎動物の脳進化がスタートした時点では，終脳は前方が頭骨によって塞がれている状況だったようだ．また，円口類では脳の中で菱脳（の延髄）が大きな割合を占めているが，ロムンディナにも同じ様子が見られる．つまり，顎口類が顎を獲得した当初においても，こうした「無顎類型」の終脳をもっていたようなのである．顎や対鰭などの進化的ビッグウェーブに，脳は「乗り損ねて」しまっているのだ．これは何を意味するのだろうか？ おそらく，新規な形態が獲得されたとしても，その始まりの時点では，顎も鰭もそれほど特殊化しておらず，筋肉の量も少なく，感覚器の集中も起きていなかったのだろう．そのためそれに割くべき脳領域の肥大も起きていなかったが，顎や対鰭が適応放散において極めて有利な形質となっていく過程で，他の体領域との様々な差別化が顕著になり，それにリンクする形で脳が発達していったと考えられる．そして，軟骨魚類や条鰭類になると，終脳が大きく前方に突き出し，小脳が背側に肥大し，脳全体に対する延髄の割合が低下していくのである．終脳が前方に突き出すことが可能になった背景には，終脳そのものの発生機構の変更があり，同時に鼻と下垂体の原基の分離によって頭蓋に広いスペースができるようになったことなど，いくつかの変化が脊椎動物の頭部に生じた可能性が指摘されている (Dupret *et al*., 2014).

7

脊椎動物の繁栄

7.1 燃えるサメ軍団の襲撃

動物の系統分岐の様子を見ると，華々しく誕生するけれどもすぐに滅びてしまう系統があるし，あまり目立たないけれども細々と続いていく系統もある．そのさまはまるで世界史に出てくる王朝のようだ．その中でもひときわ古く，そして強大なものがある．それが軟骨魚類である．太古の海に出現した「軟骨魚類王朝」とでもいうべきこの系統は，その後の地球の生命史に大きな影響を及ぼすものとなり，その中でもサメ類は強力な捕食者として君臨した．ちなみにこれら初期のサメ類は，現生の種とは別の系統とされている．この初期サメ類ではクラドセラケなどが知られ，現生のサメ類の多くは口が顔の少し後ろにあるのに対し，彼らは口が顔の先端にあるという特徴をもつ（**図 7.1**）．現生のサメ類とエイ類は板鰓類というグループに属し，白亜紀頃に出現したものらしい（土屋，2018）．軟骨魚類にはもう一つギンザメ類（全頭類）があり，板鰓類よりも祖

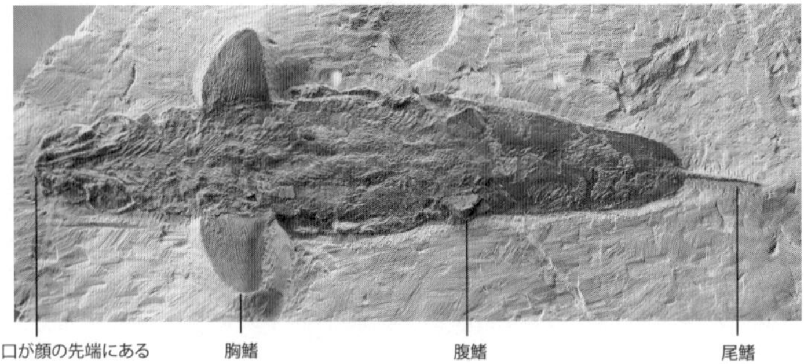

図 7.1　クラドセラケの化石（腹側から見たもの）
ウィーン自然史博物館所蔵の標本を撮影.

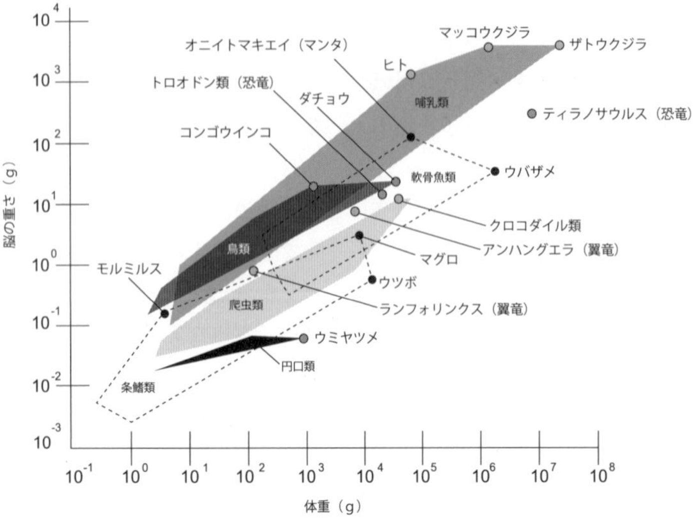

図 7.2　様々な脊椎動物について，体重に対する脳の重さを求めたもの
Striedter (2004) を改変.

先的な特徴をもつといわれている．これら軟骨魚類は，以前の研究では脊椎動物の中でも原始的なグループと見なされていたが，現在の見解では，軟骨魚類は板皮類を祖先として派生し，独自の特殊化を遂げたグループと考えられている．つまり，我々の祖先をどんどん遡っていくと，いずれ板皮類に行き着くが，軟骨魚類には辿り着かないということだ．そうした分岐の経緯を反映するかのように，彼らは我々羊膜類に至る系統の脳とは大きく異なる脳形態をもつ．とりわけ，軟骨魚類は他の魚類や両生類に比べて大きな脳をもっていることは見逃せない．体重に対する脳の重量を示すグラフを見ても，軟骨魚類は高い値を占める（**図 7.2**）．この脳の大型化は，いくつかの点で軟骨魚類の繁栄と関係していると思われる．

7.2 軟骨魚類の巨大脳

軟骨魚類の繁栄を脳の視点から考えるときには，並外れて大きな小脳に言及しないわけにはいかない．軟骨魚類の小脳には多くの皺があり，これらを引き伸ばすと，終脳を凌駕する最大の脳領域となるだろう（**図 7.3**）．その内部構造も我々ヒトと同様に分子層，プルキンエ細胞層がある（図 6.7）．ただし顆粒細胞は層状ではなく小脳内側に集まっており，prominentiae granulares と呼ばれる．小脳の主な機能は運動の制御であり，概して活発に行動する種でよく発達している．しかも軟骨魚類の小脳では，体の平衡に関する情報が入力する小脳耳も大きい（図 7.3）．したがって，軟骨魚類が強力な捕食者として古生代の海に君臨できた大きな要因として，小脳が発達したことは極めて重要であろう．こうした小脳の拡大には，発生期での小脳形成機構の改変があると思われる．小脳は，発生期の神経管に生じる峡部オーガナイザー（IsO）からの分子シグナルによって，ロンボメア 1 の背側に作られる（図 2.1）．実際にサメ胚の脳を

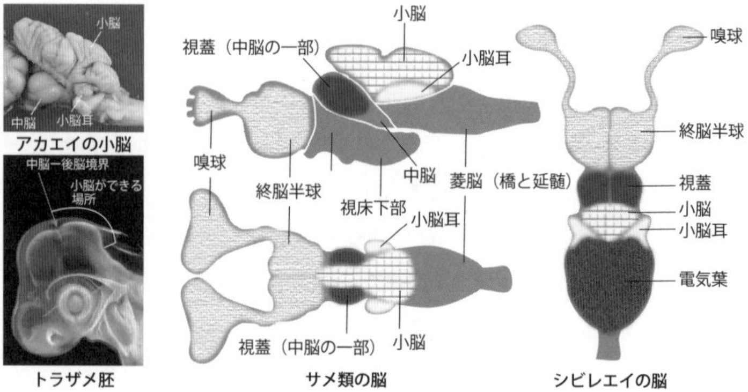

図 7.3　軟骨魚類の脳

シビレエイの脳は Striedter & Northcutt (2020) を改変.

見ると，ロンボメア 1 の領域がとても広くて大きく，「ここに何かでっかいものを作ってやるぜ」という気概が感じられる（図 7.3）．こうして巨大な小脳を作る仕組みを受け継いだ軟骨魚類王朝は，海洋生態系において長い繁栄の道を拓く．ヨーロッパ史におけるブルボン王朝とかハプスブルク家のようなものだ．ただし，途中で滅んだり弱体化したりする人間の王朝とは異なり，軟骨魚類は今もなお海の生態系に君臨し続けている．

軟骨魚類の脳を（皺を伸ばしたりせず）外部から見た場合に最も大きいのが終脳だ．まず嗅球がとても大きい（図 7.3）．これは，彼らが嗅覚に大きく依存した生態を獲得していることを意味している．嗅球が大きいという特徴は板鰓類と全頭類に共通に見られるので，軟骨魚類の祖先の段階で獲得されていた形質であろう．おそらく軟骨魚類は嗅覚のステータスを上げるという戦略をとり，それが地球の海洋生態系に極めてよくマッチしたのだ．それに関係しているかどうかはわからないが，板鰓類では嗅球の位置が独特である．我々の嗅球は終脳半球の前部にくっついているが，板鰓類の嗅球は終脳半球の左右に位置している．

軟骨魚類の終脳半球は，輪切りにして中を見ると，ツノザメのように脳の壁がそれほど発達していないものから，ガンギエイのように脳室がほとんどつぶれてしまうほどに脳の壁が発達しているものまで様々である（図5.9）．ただし外套には，内側，外側，背側，腹側の要素がちゃんと揃っているので，我々の外套構成と似ているようだ．つまりこれらの領域は顎口類の祖先の段階ではすでに存在していたと推察されるが，我々の背側外套が嗅覚系の情報を直接には受けないのに対し，軟骨魚類は受けていることから，背側外套については相同性が疑われる面もある．一般的に脊椎動物の祖先に近い系統では，終脳外套のほとんどの場所は嗅覚の情報処理に使われているが，軟骨魚類は嗅球は大きいくせに，そこからの投射（二次嗅覚投射）は，終脳外套の比較的狭い場所を占めているようだ．これは真骨類や羊膜類に見られる傾向であり，おそらくそれぞれの系統で独自に，終脳において嗅球からの投射領域が相対的に小さくなっていったのだろう．しかしそうはいってもやはり軟骨魚類が嗅覚を大事にしている証拠として，嗅球からの情報を受けた場所からは，終脳の広い場所に三次的，四次的な嗅覚投射がなされている（Striedter & Northcutt, 2020）．つまり軟骨魚類の終脳も円口類と同じように嗅覚の情報処理に重きを置いているらしい．ただし，軟骨魚類の終脳が嗅覚以外の情報処理を担っていることを示す結果もある．軟骨魚類の終脳外套には視覚系や電気感覚系の入力があることがわかっている．さらに，軟骨魚類の終脳の大きさは種による違いが見られ，サメ類ではシュモクザメやホオジロザメで終脳が大きく，エイ類ではマンタで終脳がよく発達している．こうしたことから考えると，終脳半球のサイズは概して外洋性の種で大きい傾向があるようだ．これは開けた世界でエサや交配相手を探す上で，脳の性能が良い必要があるのだろう．シュモクザメは大きな群を作ったり，マンタは繁殖期になるとオスが奇抜な行動をとったりする．こうした社会性も脳の発達と関係があるのだろう．

軟骨魚類の脳には，さらにユニークな形態が見られる．先ほど水中で生きていくには電気感覚が有効であると述べたが，周囲の情報を探るだけでなく，攻撃に電気を使うことができる種もいる．それがシビレエイだ．こいつは上から見ると丸くて可愛い形をしているが，胸鰭の位置にある筋肉組織が発電器官に変化している．このような特技を使えるようになるには，当然ながら脳にそのための場所や機能が必要になる．事実，シビレエイの菱脳には外から見てすぐにわかるほど巨大な電気葉があり，これはおそらく，顔面神経，舌咽神経，迷走神経の運動核が肥大したものとされる（図 7.3）(Striedter & Northcutt, 2020)．ここからの神経が発電器官を支配している．

電気の話が出たところで，電気受容にかかわる脳の神経核について簡単に説明する．電気感覚は側線神経によって担われている．側線神経は電気の他にも機械感覚を受容するが，電気感覚と機械感覚では入力する菱脳の場所が違う．側線神経の入力を受けるのは内耳・側線 (octavolateralis) 領域である．このうち，電気感覚は背側の内耳・側線神経核に入力し，機械感覚はそれよりやや腹側にある内耳・側線神経核に入力する（図 4.5）．これらの神経核は軟骨魚類や祖先的な条鰭類には存在しているが，多くの真骨類には見られない (Striedter & Northcutt, 2020)．これは，彼らが電気感覚を失っていることとよく対応している．ただし，真骨類の中には二次的に電気感覚を獲得したものがいる（後述）．彼らは脳の中にも電気感覚にかかわる場所を再整備していて，その神経核は「電気感覚性側線葉」と呼ばれている．この場所は軟骨魚類がもつ背側の内耳・

側線神経核とは相同ではないらしい．つまり真骨類は，電気感覚を司る中枢を独自に進化させたことになる．

7.3 水界の覇者

軟骨魚類が海洋生態系における強力な捕食者として君臨する一方で，水中世界で大成功したグループがある．条鰭類だ．いわゆる魚である．フナやコイやタイやヒラメなど，一般の人が池や川や食卓で目にする魚はほとんどが条鰭類である．彼らは圧倒的な種類数をもって，水中のあらゆる環境に進出している．その成功の鍵にはいくつか理由がある．たとえば新しいタイプの鰭がそうだ．これはその名前のもとにもなっている「鰭条」が団扇の骨のように入っていて，軟骨魚類の鰭よりもはるかに滑らかに動き，鰭をたたんだりカーブさせたりできる（**図 7.4**）．これを自在に使うことで，水中での機動力は飛躍的に上がる．その他にも，条鰭類の一系統である真骨類では顎の形態が改変され，極めて効率の良い捕食装置を作り上げている．彼らの顎には特別な骨が多数付加しており，口をがばっ，と開けつつ前に大きく突き出せるようになっている．さらにウツボ類では，喉の奥にある咽頭顎という第二の顎のようなものが並外れて大きく発達し，まるでリドリー・スコット監督の映画『エイリアン』(1979) に登場する宇宙怪物のように，口の中にもう一つの顎を備えるに至る (Mehta & Wainwright, 2007)．ウツボがガブッとエサの魚に嚙みつくと，獲物はたちまち内部の顎によって再度嚙まれ，喉奥に引きずり込まれるのだ．その際に獲物の胴体が二つ折りになったりするので，咽頭顎のもつ凄まじいパワーがうかがえる．鰭条や咽頭顎に勝るとも劣らない重要な発明が浮き袋（鰾）であろう．これは，条鰭類の祖先が備えていた肺が変化したものだ．以前は鰾から肺が進化したといわれていたが，条鰭類の中でも祖先

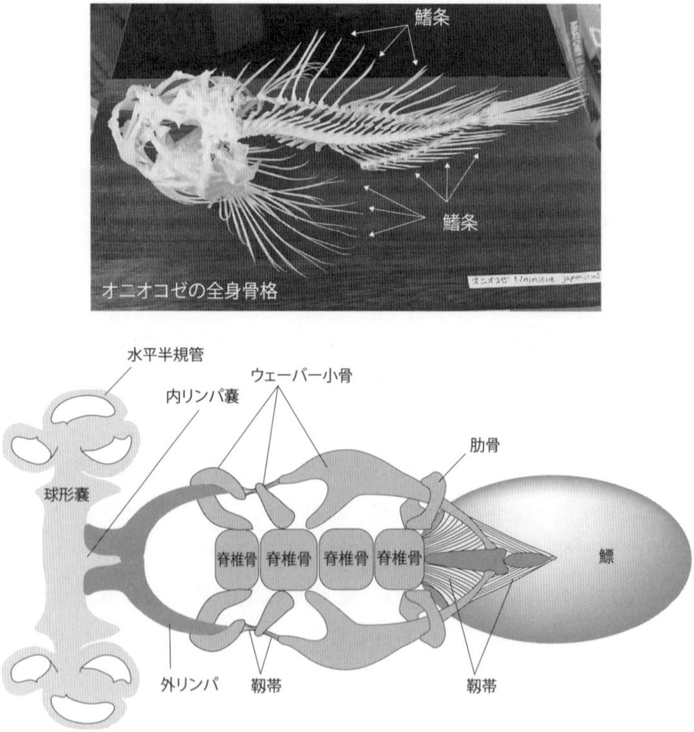

図 7.4　鰭条とウェーバー小骨の形態
標本は飯村彬仁氏が作成したもの．ウェーバー小骨の構造は Schuls-Mirbach *et al.* (2012) を改変．

的なポリプテルス類が肺をもっていることなどから，肺から鰾へと変化したとする説が現在では有力である．鰾の発明により，重力に逆らって泳ぎ続ける必要がなくなった．常に体を浮かせていられるのである．浮力装置としては，軟骨魚類も軽い油が詰まった肝臓を，シーラカンス類も脂肪が詰まった痕跡肺をもっているが，条鰭類の鰾の性能はとても優れている．以前，筆者はナマズを解剖して鰾を取り出したことがあるが，水の入ったバケツにそれを入れると，まるで夏の海でリア充どもが嬉しそうに乗っているバナナボートのように，よく浮いた．その強力な浮遊力を見せつけられると，条鰭類ならずとも「これ欲しい」と思ってしまうほどだ．こうして鰾によって重力の制約から解放された条鰭魚類は，実に多彩な姿に変わっていく．特に真骨類の多様化は凄まじい．これには真骨類に至る過程で生じたゲノム重複により，使える形態形成遺伝子が増えたことも大いに関係しているだろう．さらに骨鰾類というグループでは，聴覚の大幅な改良がなされた．これらの系統では肋骨がウェーバー小骨という特殊な骨に変化し，それが鰾に接している（図7.4）(Schulz-Mirbach *et al.*, 2012)．水中を伝わる音はガスが詰まった鰾を振動させるので，それをウェーバー小骨が内耳に伝えるのである．種類によっては180キロヘルツの超音波も聴けるそうだ(Striedter & Northcutt, 2020)．このように鰾は音を聴くための装置になり，種によっては発声のためにも使えるようになった．イシモチなどはグーグーとよく鳴く．

水中では，浮力を得られる鰾が重要なイノベーション（鍵革新）になったといえる．もしこれが地上で起こったらどうだろうか？鳥類や爬虫類の一部は，体内に気嚢という構造をもつ．これは肺につながっていて，中に空気が詰まっているという点を鑑みると，器官としての気嚢の形態は鰾に似ているといえる．鳥類はここに空気を入れ，体の形を空気抵抗の少ないシルエットにすると同時に，ここから肺に空気を送り込む特殊な仕組みを獲得し，呼吸の際に常に新鮮な空気が一方向に肺の中を流れるようにして，飛行の際に必要になる多量の酸素を確保できるようにしている（この構造が二畳紀末の低酸素状態の後の発展に関係したとする考えもある）．もしこの気嚢の仕組みが変わり，その中に空気ではなく水素やヘリウムの

図 7.5　気嚢が変化し浮遊するようになった謎の生物

失踪した探検家が遺した手記風にしてみた．イラストは飯村彬仁氏による．

ような空気よりも軽いガスを入れられるようになったらどうだろうか？　鳥はもはや重力に抗するために羽ばたく必要はなく，ふわっと宙に浮かべるかもしれない（**図 7.5**）．そうなると，巨大な翼は必要なくなり，現生の飛べない鳥が示すように小さなものになって，飛行船の推進用プロペラのように機能したり，空中での安定を保つ補助翼のようなはたらきをするようになるだろう．あるいは，飛行という制約から解き放たれた前肢は，さらに様々な形態に発展していくかもしれない．歩行に使わなくなった第一脚を鎌に変えたカマキリのごとくである．ただし，鳥類は残念なことに進化の過程で指の数を減らし，それらの可動性もほぼなくなっているので，前肢はもはや我々のようにものをつかむ用途には使えまい．その代わり，現生のカニダマシのように，先端が扇か団扇のように広がるようにして，空中を飛ぶ羽虫類を捕獲できるようになるかもしれない．ちょうど両肩から巨大な虫取り網を広げたような感じである．あるいは前肢の前方を中世の騎士がもつ盾のように装甲化して，防御に使えるようにすることもできる．これをさらに発展させて巨大にし，表面構造を植物や岩のようにして左右からマントのように自身の体を覆い，自身を岩や樹木に擬態させられるようになるかもしれない．一方，ものをつかめる指をもった後肢の位置がぐっと上（前方）に移動し，前肢のようにはたらくことになるだろう．このような後部付属器の前方への移動は，グラミーなど多くの真骨類に見ることができる．ガスの浮力があるので，後肢はもはや体重を支える必要はなく，可動指を備えたマニピュレーターとして使えるのだ（図 7.5）．そのせいで腰帯が前に寄ってくるため，脊椎骨の数が減るか，あるいは脊柱がくるっと猫背のように曲がって，体幹部はかなり短く見えるだろう．もしかしたら，脊椎骨の背側にある神経棘が，ディメトロドンの背中にある帆状突起のように伸びて下方に突き出し，ランディングギアのような構造を作るかもしれない．かくして，大きめの頭部と小さな翼（あるいはその変形物），よく発達した「腕」（実は足）をもち，日本古来の幽霊のように足のないものができあがる．それらがまさに幽霊のごとくふわふわと空中を漂うのである．いや，もしかしたらその中には西洋絵画で描かれる「天使」めいたものもいるかもしれない．ただしそいつの背中についた白い翼は前肢であり，ほっそりした両手は後肢なのだ．そして，両足のように見えるものは伸長した神経棘か，あるいはツバメの尾羽にあるようなケラチン質の構造からなる「足状突起」なのである．そうした浮遊生物の中から，現生魚類がそうしたように，マンボウのように大型化するものや，カジキのように高速で動くもの，タツノオトシゴやハコフグのように装甲で覆われたものが現れて，地上に新たな生命世界を構築していくだろう．もしかしたら，巨大な脳とものをつかめる後肢を使って，人類のように文明を作るかもしれない．もちろんこれは妄想である．だが，水中で鰾を獲得した魚類に実際に起こった出来事とはこういうものなのだ．

7.4 条鰭類の脳の多様性

水生環境で大成功を収めた条鰭類であるが，いささか不思議なことに，その脳はそれほど大きくない．体重が4.5キログラムもあるマグロの脳の重さはわずか5グラムである（Striedter & Northcutt, 2020）．体重に対する脳の大きさをプロットしてみると，条鰭類は軟骨魚類よりも小さい値を示す（図7.2）．だが，条鰭類の脳には，他の系統には見られない様々な領域や神経回路が存在する．条鰭類は多様な水中環境に適応していく過程で，形態を様々に変えていったが，そのポテンシャルを最大限に発揮できるように脳の方も独自に発達したのだ．まるでわがままで向こう見ずなお嬢様に仕える優秀な執事のように，脳の側は最大限にいい仕事をしてきたといえる．実際に，種の行動様式や生態にリンクするように脳領域のサイズが設定されている（**図7.6**）．たとえば，小脳は遊泳傾向の強いマグロでは大きく，底生のハゼでは小さい．終脳の嗅球は，嗅覚に頼ってエサを探すウナギやウツボでは大きく，視覚に大きく依存するメダカでは小さい．その代わりメダカでは，視覚の中枢である視蓋が大きい．こうした傾向は枚挙に暇がない（山本，2018）．これは，外部形態と脳形態をリンクさせる何らかの機構があるためだろう．その実体はおそらく発生期での細胞増殖や神経回路形成にかかわる遺伝子ではないかと思われるが，それについての研究はまだまだこ

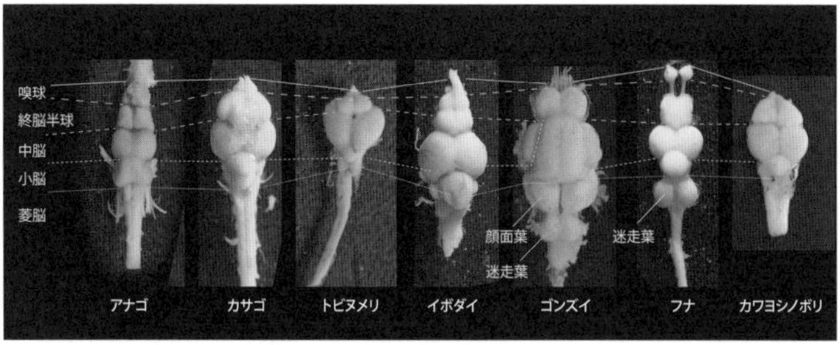

図 7.6　条鰭類の脳

れからである．

真骨類では，菱脳に目立った特徴が多い．彼らが示す奇妙奇天烈な菱脳については，後に個別に見ていくことにする．

小　脳

条鰭類における脳の進化を語る上で，小脳に言及しないわけにはいかない．哺乳類，特にヒトの場合，小脳は運動を制御するのみならず，学習や感覚情報の統合，さらには感情，言語，記憶など様々な高次機能にかかわる．ただし，魚類の小脳も運動学習や知覚認識などにかかわるという研究結果がある（吉田，2017）．

実に興味深いことに，真骨類の小脳には小脳核が見られない．小脳核は小脳の出力にかかわる極めて重要な場所である．それがないとしたら，一体どうやって情報を出力するのか？　実は真骨類では，広樹状突起細胞という特殊な細胞がプルキンエ細胞からの入力を受けて，小脳外に軸索を出すのである（**図 7.7**）．この細胞は，神経連絡から考えて，小脳核に相同とする考えもあるが，発生期における遺伝子の発現様式が小脳核とは異なっている（Kani *et al.*, 2010）．したがって，真骨類の系統で独自に獲得されたと考えられ

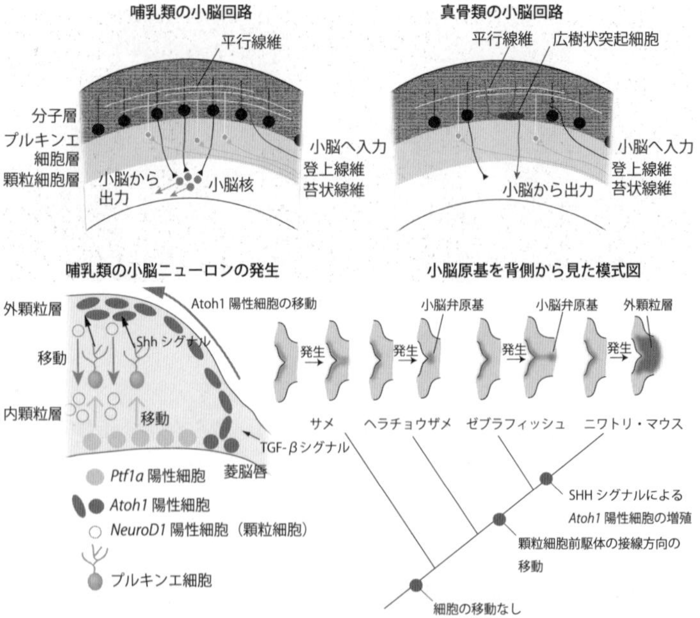

図 7.7　哺乳類と条鰭類の小脳回路（上），哺乳類の小脳発生（左下），小脳の顆粒細胞の進化

小脳核は軟骨魚類，肉鰭類，両生類では 1 つ，爬虫類では 2 つ（内側・外側小脳核），鳥類では 3 つ（爬虫類の 2 つに加えて下小脳核），そして哺乳類では 4 つあり，霊長類では室頂核，球状核・栓状核（まとめて中位核），歯状核と名づけられている．爬虫類で見られる内側と外側の小脳核はそれぞれ室頂核と中位核に相同とされ，鳥類で加わる下小脳核は歯状核の腹側部と相同らしい．下の図は Butts *et al*. (2014) を改変．

る．真骨類が，なぜこのようなタイプの小脳を発達させたのかについては，残念ながらよくわかっていない．

さらに条鰭類では，小脳の神経細胞（ニューロン）についてもこれまで見られなかった形態や機能が現れる．小脳のニューロンのうち，顆粒細胞はグルタミン酸を，プルキンエ細胞は γ アミノ酪酸 (GABA) をそれぞれ神経伝達物質としている．グルタミン酸を神経伝達物質にする細胞の前駆細胞は *Atoh*1 を，GABA を伝達物質とする細胞の前駆細胞は *Ptf*1*a* を発現するので，小脳では *Atoh*1 を発現する細胞が顆粒細胞で，*Ptf*1*a* を発現する細胞がプルキンエ細胞ということになる．哺乳類の小脳形成過程では，菱脳背側にある菱脳唇（rhombic lip）という場所に両者の前駆細胞があり，*Atoh*1 陽性細胞は接線方向に移動し，小脳原基の表層で外顆粒層を形成する．そしてこれらの前駆細胞は，プルキンエ細胞に由来する SHH シグナルを受けて増殖していき，やがて *NeuroD*1 を発現する顆粒細胞へと分化する．その後，表層にあった顆粒細胞は小脳の深いところへ潜り込んでいき，プルキンエ細胞層のさらに下層まで進んだ後に顆粒細胞層（内顆粒層）を形成する．このとき，顆粒細胞の軸索は表層に取り残されていて，それらが分子層となる．一方，*Ptf*1*a* を発現している前駆体細胞は，菱脳唇の腹側から放射状に移動してプルキンエ細胞へと分化する（図 7.7）．こうした小脳ニューロンの発生は，進化の過程で変わってきたようだ．軟骨魚類のサメでは顆粒細胞前駆体の接線方向への移動が観察されないが，条鰭類のゼブラフィッシュでは小脳の前方にある小脳弁付近でそれが見られる．羊膜類になるとこの細胞移動はより発達し，*Atoh*1 陽性細胞の増殖によって外顆粒層が形成されるようになる（Butts *et al.*, 2014）．

中　脳

条鰭類では中脳が発達したものが多い．中脳の中でも視蓋の発達は種によって著しく，ヨウジウオの仲間のように脳の中で最も大きくなっているものもいる．ここで大きくなっている中脳領域は視蓋である（図 5.6）．ここには視神経からの入力が多く入るが，その他にも機械感覚や電気感覚を伝える側線神経や，聴覚の入力も受けている．これらの入力は，いわゆるトポグラフィック（場所特異的）な，つまり外部の空間や体表の感覚器の位置をまるで地図のように一対一対応で写し取ったように神経が配列している．その様子からこうした神経形態は「感覚地図」とも呼ばれる．視蓋の中では，視覚や機械感覚の地図が重ね合わされている．これにより，視蓋のニューロンは複数の感覚を，空間情報を内包する状態で受け取っている．こうした情報は，中脳にある網様体や，運動にかかわる脳の場所に送られる．これによって，魚は刺激がきた部位に頭を向けて定位することができる．こうした行動は真骨類でよく発達している．仮に魚を航空機に例えると，軟骨魚類はまるで固定翼機のように，主翼となる胸鰭や，水平尾翼と垂直尾翼にそれぞれ対応する腹鰭と尾鰭を使って遊泳するのに対し，真骨類はまるでヘリコプターのように，しかも固定翼機並のスピードが出せる高性能な戦闘ヘリのごとく，水中を上下左右に自在に動く．こうした動きが可能になったのは，鰾や可動式の鰭条の進化に伴い，水中で効率良く定位するための中脳をはじめとする脳システムが発展したためであろう．ポリプテルス以外の条鰭類では，中脳背側の中央付近に縦走堤という構造がある．これは小脳とよく似た形態をもち，視蓋と線維を送り合っている（図 5.6）．この場所は条鰭類で獲得されたものらしく，眼球を動かしてものを見る際に，視野の安定化などにかかわるとされる．また，エサをとる際の水深の調節や姿勢の維持にもかかわるようだ（Striedter & Northcutt, 2020）．しかし，他にもまだいろいろな説があり，本当に何をやっているのかは未だわかっていない．最後に，中脳での感覚情報処理の中枢をなす視蓋には高次中枢の指標ともいえる層構造があり，軟骨魚類でバウムクーヘンのごとく発達するが，真骨類ではさらによく発達している．

間　脳

条鰭類の著しい多様化は，間脳の形態にも特殊な要素を発達させた．真骨類の視蓋前域には糸球体核（nucleus glomerulosus）という神経核群がある．ここには樹状突起や軸索が毛玉状に集まった糸球体という構造がある．糸球体核は視蓋前域の他の場所から視覚系の入力を受けていて，主に視床下部の下葉へと出力している．ノースカットらは視覚による物体認識にかかわる機能をもつと考えているが（Striedter & Northcutt, 2020），まだよくわかっていない．

条鰭類の間脳には，さらに特筆すべき構造がある．糸球体前核複合体（preglomerular complex）だ（**図 7.8**）．これは間脳のやや腹側の後方部（後結節：posterior tuberculum）にある巨大な神経核群である．この領域は様々な感覚系からの入力を受け，軸索を終脳の外套へと送る．つまり，我々の視床と同じような回路を作っている．このことから，かねてより視床と相同であるかどうかが問題となっていた．これに関して石川らは，視床に由来する細胞が移

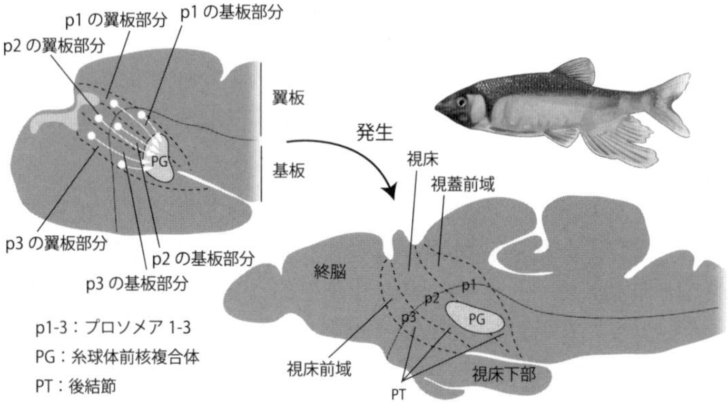

図 7.8　真骨類の間脳

Mueller（2012）を改変．動物イラストは佐々木苑未氏による．

動することで糸球体前核複合体を作るという考えを提唱している (Ishikawa *et al*., 2007).

視床下部

条鰭類の脳の特徴の一つは，大きく肥大した視床下部である．軟骨魚類と条鰭類では，視床下部の下葉という領域が左右に膨出している．ここの細胞の由来は多彩で，中脳から移動してきた細胞もあるようだ．下葉は採餌行動に関与するとされ，それを裏づけるように，真骨類の下葉は味覚系や嗅覚系からの入力を受けている (Striedter & Northcutt, 2020)．さらに軟骨魚類と条鰭類の視床下部には，saccus vasculosus という謎めいた場所がある．円口類には見られないので，顎口類の系統で獲得されたのだろう．ここは多くの血管が集まった嚢状の場所で，下垂体のような神経内分泌作用をもつらしい．興味深いことに，saccus vasculosus には光を受容する機能をもつグリア細胞がある．これらの細胞が頭蓋骨を通して入ってくる光を検出することで，saccus vasculosus は日長の季節変化を計測する役割を担うと考える研究者がいる (Nakane *et al*., 2013)．このように，条鰭類では視床下部がとてもよく発達しているが，それに対し，終脳は小さい傾向にある．真骨類では終脳が脳全体の 30 パーセントくらいしかないようだ．

現在の仮説では，終脳と視床下部が同じコンパートメント（区画）であるとされる（第 5 章参照）．ということは，脊椎動物の羊膜類と条鰭類は，それぞれ終脳–視床下部コンパートメントの異なる場所を進化させる方式を採用していると考えてもいいかもしれない．終脳–視床下部コンパートメントの背側要素が発達したのが羊膜類であり，腹側要素が発達したのが条鰭類であるということだ．条鰭類では，終脳が発達しない代わりに脳の後方部，すなわち中

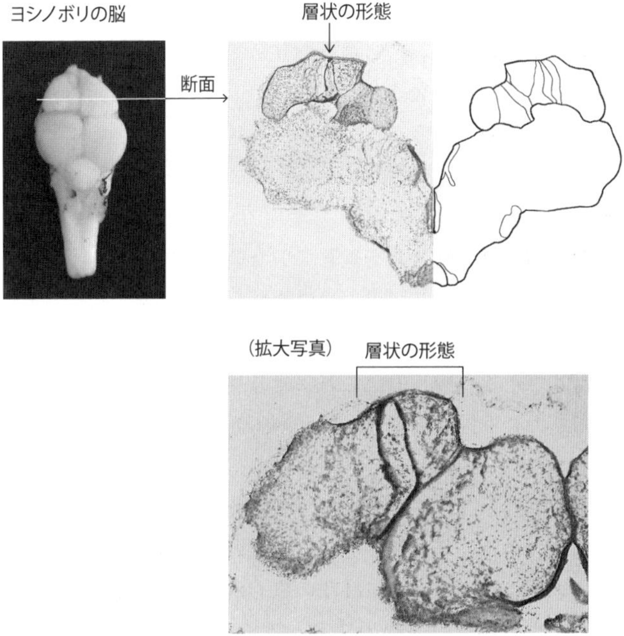

図 7.9　ヨシノボリの終脳に見られる層状構造
写真は川口将史博士による.

脳, 小脳, 菱脳が発達して様々な機能を担っているように見える. 特に菱脳には顔面葉や迷走葉など (後述), 他の脊椎動物に見られないような顕著な構造がある. こうして見ると, 条鰭類は脳の後方にいくつかの発達した脳中枢を作るような進化戦略をとっているようだ. 一般に進化に伴って終脳 (大脳) が大きくなっていくことを「大脳化」と呼ぶが, 条鰭類では「逆大脳化」とでもいうべき様相を呈していて面白い. ただし, 終脳にも独自の形態が見られる. ハゼ類のヨシノボリの終脳には, 背側に層状をなす特殊な場所がある (**図 7.9**) (Kawaguchi *et al*., 2019). ヨシノボリ類は同じ場所に複数の種が住んでおり，彼らは異種との交雑を避けるために，オスがメスに対して独特のダンスを踊ったりして正しい種と交配する「生殖前隔離」の仕組みを発達させている．こうした認識能力の発達と終脳の形態に関係があるかどうかが注目されている．

終　脳

条鰭類の終脳はそれほど発達していないが，びっくりするほど不思議な形をしている．終脳半球の外套部分が，外側に向けて展開しているのだ．脳が花のように開花しているのである．この形態は外翻と呼ばれている（図 5.9）．これに対し，我々羊膜類や，軟骨魚類を含む多くの脊椎動物終脳は，外套が内側にたたみ込まれるように発生する．これを内翻という．そのため，終脳の断面を見るとメガネのような形になり，レンズにあたる部分に側脳室という脳室ができる．外翻の場合，脳の壁が展開するため，当然のごとく左右の側脳室はできず，終脳の天井には薄い膜 tela choroidea が張られた状態になり，中央部分に一つの脳室（共通脳室）が生じる（ただし，条鰭類でも嗅球の部分は内翻する）．この外翻は古代魚として知られるポリプテルス類で特に顕著である．では，なぜ条鰭類の終脳半球は外翻するのか？　残念ながらその理由はよくわかっていない．どのような仕組みで外翻が生じるのかについても，現在のところ不明である．

かたや終脳外套が内側に丸まり，かたやそれが外側に広がるとなると，終脳の相同性についてかなり違いが出てくる．典型的なのは海馬だ．空間記憶の形成にかかわることで有名な海馬は，外套の端の部分にあるので，内翻の場合は最も内側に，外翻の場合は最も外側にくることになる．本当にそうなっているのか？　どうやらそうらしい．キンギョを用いた行動学的研究では，その終脳において，外側の端の部分は空間学習や記憶にかかわっているのである (Portavella *et al*., 2002)．ただし，外套領域の中には，条鰭類と羊膜類の間での相同性が不明な部分が少なからず存在する．

終脳は進化の初期には嗅覚の情報処理を主に担っていたようだが，真骨類になると嗅覚系の情報は終脳外套の後部や腹側野の多くの場所に送られてはいるものの，終脳が嗅覚以外の情報処理に使われていく傾向が見られる．キンギョを用いた山本らの研究によると，その終脳にある Dm，Dl 領域には，ちょうど哺乳類の新皮質にある領野のように，視覚，聴覚，体性感覚，側線感覚，嗅覚などの感覚に応じた局在が見られる (Kato *et al*., 2012)．これが哺乳類の領野と同じ仕組みで作られるのか，それとも収斂によるものなのかは未だ不明である．

7.5　淡水中における適応放散と奇妙な形の脳の出現

海域で進化した脊椎動物は，やがて淡水域にも進出し，世界中の川や湖で様々な系統が進化した．淡水域は海とは環境が大きく異なる．淡水という異界への適応放散の過程で，条鰭類の脳にはさらなるバリエーションが生じ，ただでさえ多彩な魚類脳世界をさらに奇想天外なものにすることになった．

コイやナマズの味覚

これらの種は，我々には馴染み深く，ごくごく普通な魚に見えるが，実は極めて特殊な形態や生態を進化させており，それに関連して脳の形態にも他に類を見ない変化が生じている．彼らは菱脳を我々よりもずっとうまく使っているようだ．そこには終脳に匹敵あるいは凌駕するほどに肥大した領域があり，顔面葉，迷走葉と名づけられている（**図 7.10**）．フナの迷走葉は終脳よりも大きく肥大

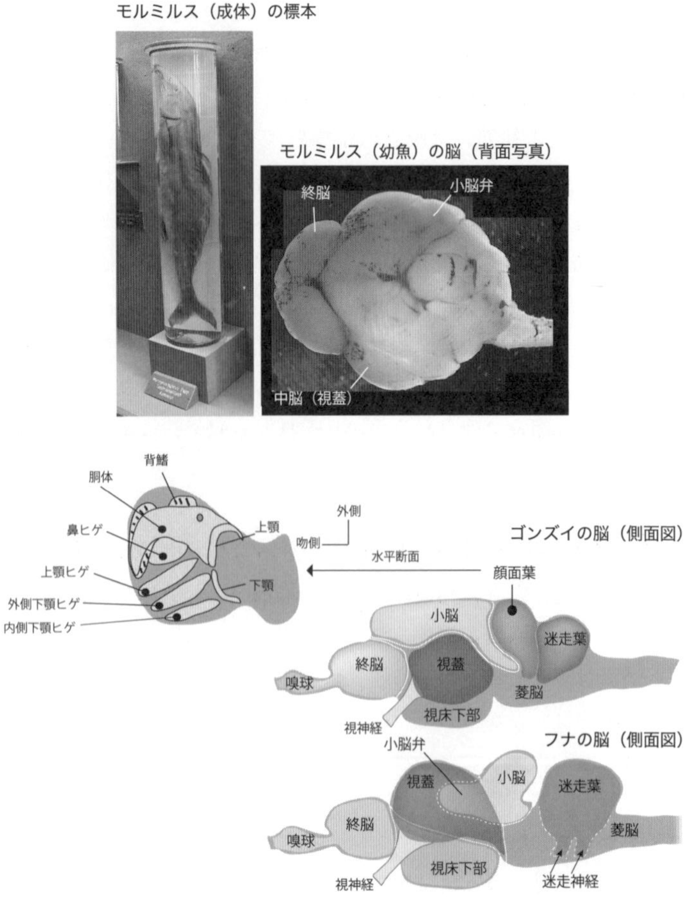

図 7.10　フナ・ナマズ（ゴンズイ）・モルミルスの脳

していて，そこには明瞭な層構造があり，口から取り込んだ大量の土や小石の中から，エサになるものだけを一瞬で選別し，エサは食道へ送り，そうでないものは鰓穴から排出する．このような神業的な行動を可能にするのが迷走葉なのである．ナマズでは迷走葉

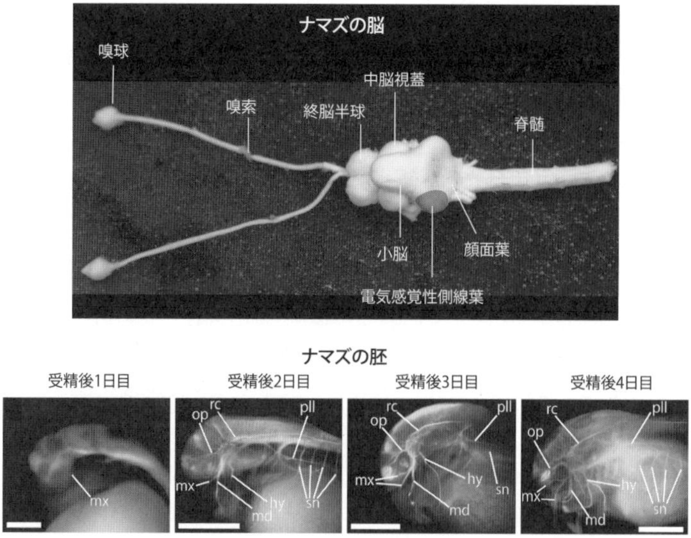

hy：顔面神経と前側線神経の舌顎枝　md：三叉神経と顔面神経の下顎枝　mx：三叉神経と顔面神経の上顎枝
op：三叉神経と顔面神経の眼枝　pll：後側線神経　rc：顔面神経の反回枝　sn：脊髄神経

図 7.11　成体のナマズの脳と発生期のナマズの神経系
ナマズの神経系は Itoyama *et al*. (2019) を改変.

の前方に顔面葉があり，迷走葉と同じく味覚に関与している（図7.10）．興味深いことに，ナマズには体全体に味を感じる器官である味蕾が分布している．つまり彼らは全身で味を感じる．全身が舌なのだ．ちょっと気持ち悪い．このような進化の過程で，通常なら口腔のみを支配している顔面神経に反回枝という特殊な枝ができ，それが後方に尾まで伸びている（**図 7.11**）．通常，顔面神経は第二鰓弓を支配するというのが形態学の常識なのだが，ナマズではこれが全身に張り巡らされているのである．形態学の決まりをいともあっさり覆す所業は素晴らしいとしか言いようがない．こうした進化の結果，顔面神経の入力を受ける顔面葉が発達しているのである．

コイ目やナマズ目の共通祖先となる系統では，菱脳を肥大化させて，情報処理機能を上げるような選択圧がかかったものと思われる．これらの魚類が淡水性であることは興味深い．海洋では概して水圏環境は安定しており，いきなり濁ったりすることはない．そうした環境では視覚が重要な情報源になるため，多くの海産魚はよく発達した眼をもち，その情報を処理するための中脳が大きくなる傾向が見られる．一方で淡水では，水流の変化や水の濁りが頻繁に生じる．四六時中水が濁っていて，視覚が使えない場合も多かろう．そのような環境で生きるために，視覚以外の感覚系を発達させる必要が生じたのではないか？　デンキウナギやモルミルスなど，電気を使う能力に長けた魚類に淡水性の種が多いことも，この考えを裏づけているように思える．つまり，周囲の水環境に変動が少なく，視覚による環境認識が有効であった海生種に対し，視覚のみでは対応が困難な淡水種において，視覚以外の感覚を発達させるような発生機構が選択されたと考えられる．こうした多様化を可能にしたのは，発生期の脳形成プログラムが改変され，味覚や体性感覚，電気感覚が最初に入力する菱脳で細胞の増殖が促されたためだろう．しかしその仕組みについては，未だ多くが謎に包まれている．

ナマズの地震予知

日本にはビワコオオナマズやイワトコナマズなど，何種類かのナマズがいる．それらのうち最もよく知られているのはナマズ (*Silurus asotus*) であり，日本の多くの河川で泳いでいる様子を見ることができる．ナマズは古くから地震を予知する能力があるといわれてきた．地面の下には大鯰《なまず》が潜んでおり，これが暴れることによって地震が起こるという民俗を聞いたことがある方も多かろう．江戸時代の末期（1850 年代）に起きた安政の大地震では，「鯰絵」と呼ばれる，ナマズと地震を題材にした錦絵が民衆の間で広まっており，ナマズと地震に関する書籍もある．ナマズに本当に地震予知の能力があるかどうかはわからない．もしあるとすれば，おそらく地殻の変動による磁場の変動を電場の変動として感知しているのだろう．それに使われるのは側線神経だ．軟骨魚類のところで述べたように，側線は機械感覚と電気感覚を受容できる．ただし，電気感覚は多くの真骨類では失われている．一方で，ナマズ類や以下に述べるモルミルス類は，電気感覚を二次的に進化させている．しかもその能力はかなり優秀だ．ナマズは電気受容器とそれを伝える側線神経をもち，さらに脳の中にはよく発達した電気感覚性側線葉がある（図 7.11）．これらの装置により地震を感知している可能性があるが，それを確認するには，今後さらなる研究が必要である．

モルミルスの脳

一言でいうと小脳強化型である．小脳に極振りしてしまったのだ．小脳が著しく発展した系統には，軟骨魚類や我々哺乳類が挙げられるが，モルミルス類の小脳は終脳と延髄の一部を除く脳全体を覆い隠すまでに拡大している（図 7.10）．正確にはこの部分は我々の小脳（虫部や片葉）と相同ではなく，小脳弁という魚類に特徴的に見られる部分が拡大したものである．こうした過激なステータス振りによって何かすごいことが起こったのか，というと実はそれがはっきりしない（図 1.2）．彼らのもつ巨大な小脳は電気コミュニケーションに関与しているとされるが，同じ弱電気魚のギムナルクスの小脳はそれほど大きくないのである．こうした異常なまでの小脳の拡大により，モルミルス類の脳は，体重に対する脳の割合が他の条鰭魚類に比べてずば抜けて大きくなっている（図 7.2）．一般的に小さめの脳をもつ条鰭類の中では，例外的な存在といえよう．

モルミルス類は，小脳弁の他にも電気感覚性側線葉も大きくなっており，さらに中脳で側線感覚（機械感覚と電気感覚）の情報処理にかかわる半円堤が他の系統のものと比べて桁違いに発達し，電位感覚にかかわる場所がいくつかの神経核に分かれている．モルミルス類では使っている電気パターンが複雑なグループほど，中脳にある神経核がよく発達しているという報告がある（Carlson *et al*., 2011）.

洞窟魚

中米の洞窟内に生息しているカラシンというグループに属する洞窟魚は，眼が退化している．このように眼が退化した魚では，視覚の中枢がどのようになっているのか，気になる人は多いようだ．筆者は実際に何度か「視蓋がなくなっているのか」などと尋ねられた．実際は，視蓋はちゃんと存在している．ただし，視蓋表層の視神経が入力する層が退化しているのである．視蓋深層にある体性感覚が入力する層はちゃんとあるので，視蓋が消え失せることはない．興味深いことに，洞窟魚では視覚が退化したトレードオフとして，機械受容性の側線神経系がとてもよく発達している．

8

地上への挑戦

8.1 肉鰭魚類と両生類

魚の中には歩くやつがいくつかいる．たとえば日本の海岸域に広く生息するトビハゼは，胸鰭を使って地上を這うように歩く．またホウボウでは，胸鰭のスジ（鰭条）が他のスジと分離して細い指のような構造に変化し独立して動くようになっており，左右に3対あるその胸鰭を使ってまるで昆虫のように海底を歩く．この鰭条は運動器として使えるのみならず，特殊な化学受容器によって感覚器としても使えるようになっている．そしてこの種では，この鰭条をコントロールするために脊髄に脊髄副葉（accessory spinal lobe：ASL）という特殊な隆起が生じているため，まるで脊髄にも脳があるように見える（図4.2）．しかし，これらの魚は地上を自由に歩くことはできない．それができるのは真の「足」をもった系統である．

機動戦士ガンダムに，「あんなの飾りです．偉い人にはそれがわからんのですよ」という有名な台詞がある．シャア・アズナブルが新型モビルスーツのジオングを見て「足はついていない」と言ったのを受けて，無名の整備兵が言ったものだ．なるほどたしかに水中や宇宙空間を移動する際には足は必要ないかもしれない．しかし陸上では話は別だ．そこでは重力に抗して体を支え，かつ効果的に移動する手段が必要となる．そのため，陸生動物の中でも活動的な系統である節足動物や脊椎動物は，足を発達させている．脊椎動物の進化の過程で最初に足をもったのは肉鰭類の系統である．肉鰭類という系統名は，肉鰭をもつ魚類と四足類（両生類・羊膜類）を包含している（図 6.6）．これらのうち肉鰭をもつ魚類は，現生種ではシーラカンス類とハイギョ類である．両者ともに腕のような構造を備えた胸鰭と腹鰭をもち，それらをある程度四肢のように動かすことができる．この 2 系統のうち，現生の四足類に近縁な系統はハイギョ類であり，言い換えればシーラカンス類は，系統樹上において肉鰭類の中で最も基部に位置する枝となる．ハイギョ類には，これまで紹介した魚類とは異なり，鼻から口に通じる内鼻孔がある．これによって鼻から取り込んだ空気を肺に送ることができるようになり，手足の進化とともに陸上生活への下地が整えられた．ただし，ハイギョ類の内鼻孔と四足類の内鼻孔はそれぞれ独立に進化したものである（Janvier, 2004）．このように地上への進出において多くの革新がなされたシーラカンス類とハイギョ類の脳は，一風変わった形をしている．

8.2 シーラカンスの脳

シーラカンス類の脳は，体重に対する割合で見ると比較的小さい．しかも頭蓋の中にギッチリ収まっておらず，脳の周りには大量の脂肪組織がある．脳の形を見ると，小脳はよく発達し，その中で

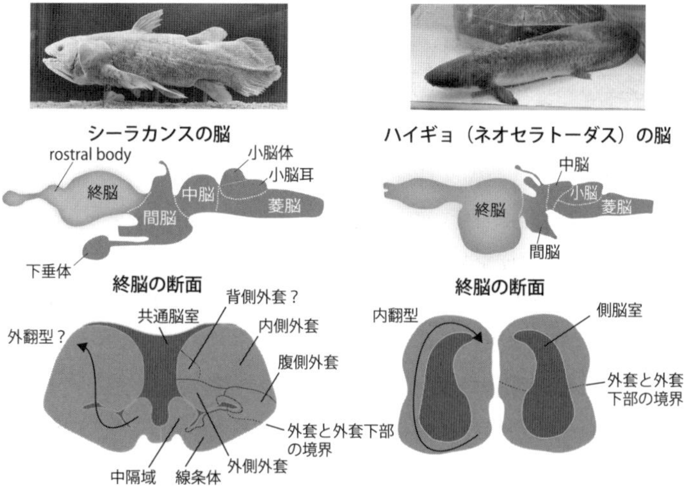

図 8.1　シーラカンスとハイギョの脳

シーラカンスはウィーン自然史博物館所蔵の標本を撮影.

も小脳耳が肥大している（**図 8.1**）. 対して中脳はそれほど大きくない. 間脳もちょっと変だ. 通常, 下垂体は脳の下から後方に伸びるのだが, シーラカンスでは大きく前方に伸びる. さらに, シーラカンスの終脳には “rostral body” という, 他の系統には見られない領域が存在する (Northcutt & Gonzalez, 2011). ここは嗅覚系からの情報を受けているらしい. さらにその断面の奇妙さは際立っており, なかなか他に類を見ない形をしている. それは一見すると内翻型のようだが, よく見ると外翻しているようであり, 外套の内側部分が脳室側へ膨らんだ形をしている（図 8.1）. シーラカンスがこのような奇妙な形の脳をもっていることをどのように理解すればいいのか？　正直なところわからないが, 肉鰭類の共通祖先の段階では様々な脳形態を作り出す発生機構が存在しており, 脳進化について多くの選択肢が提示されていたということかもしれない.

8.3 ハイギョの脳

ハイギョ類は現在オーストラリア，アフリカ，南アメリカに生息している．彼らの脳をシーラカンスと比べると，終脳が相対的に大きく発達している（図 8.1）．ただし化石記録を見ると，初期のハイギョ類では終脳はそれほど大きくないようだ (Clement & Ahlberg, 2014)．終脳の内部を見ると明らかに内翻型をしていて，この点でもハイギョ類の脳は，シーラカンスのものより両生類や羊膜類の終脳に似ているように思われる．

ハイギョ類の脳神経系には，嗅覚系に特徴的な形態が見られる．ハイギョは嗅覚の受容に関して他の魚類とは違いがある．羊膜類の嗅覚系には，主嗅覚系と副嗅覚系という 2 つの経路がある．哺乳類では，主嗅覚系は一般的な匂い物質を受容する経路であり，副嗅覚系はフェロモンなどの種間コミュニケーションにかかわる分子を受容する経路である．ただしヘビやトカゲ類では，副嗅覚系でも匂いを検出している．この 2 つの経路は，受容体も違うし，経路を構成する神経回路も違う．その違いが見られるのがハイギョ類からである (Gonzalez *et al.*, 2010)．ただし，受容体の遺伝子を調べると，サメやヤツメウナギでも副嗅覚系を構成する受容体をもっているし，ヤツメウナギには副嗅覚系の原型と考えられるような経路がある (Chang *et al.*, 2013)．したがって，最初は混在していた主嗅覚系と副嗅覚系の成分が，肉鰭類の系統では分離していき，陸上に進出する過程で両者の機能がさらに分化していったと考えられる．

8.4 四肢の誕生

これら肉鰭魚類の祖先にあたる系統の中から，デボン紀になると現生四足類との共通点を多くもつティクターリクなどの系統が現

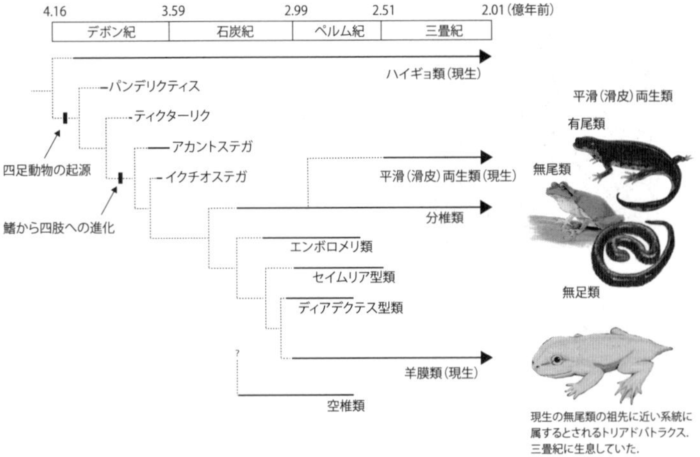

図 8.2　両生類の系統

Hirasawa & Kuratani (2018) を改変．

れ，さらに指を備えた足をもつアカントステガなどが出現した（**図 8.2**）．足の出現，と簡単に述べたが，鰭を足に変えるには多大な変化が必要であった．可動式の関節を備え，重力に打ち勝って体を持ち上げることができる強固な骨格，その骨格を様々な方向に曲げるための筋肉，そしてその筋肉の張力をモニターする筋紡錘という装置等々である（ただし真骨類の顎の筋肉には単純な筋紡錘が見られる）．地上にはこれらの革新を成し遂げた複数の系統が進出することになった．これら四足を備えた系統，すなわち四足類が，当時のフロンティアといえる地上世界を席巻していくことになる．四足類の中で最初に現れた両生類は，いくつかの系統を含んでおり，現在生き残っている両生類は無尾類，有尾類，アシナシイモリ類（無足類）であり，これらは平滑両生亜綱（Lissamphibia）に属している（図 8.2）．ただし，この系統が地球上に出現したのはペルム紀前期という比較的新しい時代であり，我々羊膜類の祖先とは考えられて

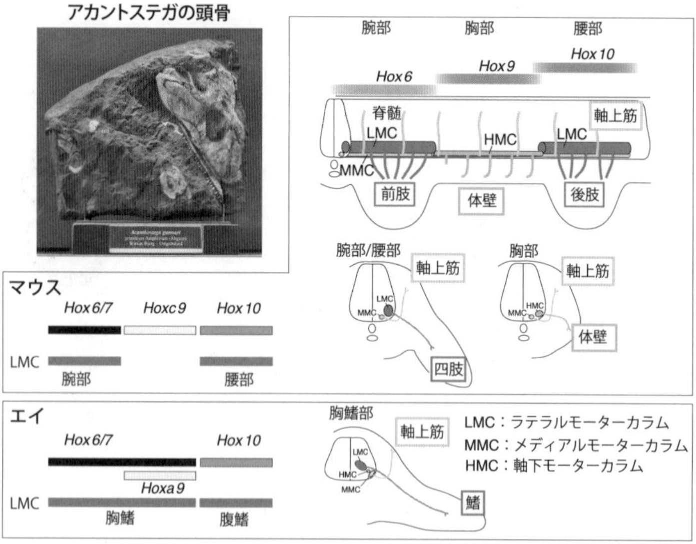

図 8.3　アカントステガと四肢を支配するモーターカラム

アカントステガの化石はウィーン自然史博物館所蔵の標本を撮影．モーターカラムは Murakami & Tanaka (2011) を改変．

いない．両生類には他にも様々な系統がいた．それらは形態も多種多様で，空椎類のディプロカウルスはブーメランのような頭骨をもつことで知られている．これら様々な系統が林立した初期の両生類群のうち，幼生期をもたない系統から羊膜類が派生したと考えられている．

こうして人魚姫の主人公のごとく足を得た動物たちであるが，それらが使いこなせなければ意味がない．歩くという行為は，単純に体幹部を波上にくねらせるのとは違う．肢（鰭）がある箇所で，体幹部とは異なる運動制御をしなければならないのである．そのために足をもつ動物の脊髄には，四肢のコントロールに必要な神経要素が整備されることになった．それがモーターカラムである（図 4.2,

図 8.3）．脊椎動物の脊髄は，上半分（背側）に感覚性の要素，下半分（腹側）に運動性の要素がある．手足や体幹部の筋肉を動かすための運動ニューロン（モーターニューロン）は，したがって腹側にあり，それらは脊髄の前後に沿って柱状に並んでいる．それらのうち，手足がある箇所では運動ニューロンの数が多くなり，それらは外側に局在しているためラテラルモーターカラムという独自の場所ができている．一方で，体幹部全体を支配する運動ニューロンは内側にあるので，メディアルモーターカラムと呼ばれる（ラテラルは外側の，メディアルは内側の，という意味．肩を揉んでもらうときに，「もうちょっとメディアル」という風に使う）．そして，これらの運動ニューロンは独自の遺伝子のはたらきによって発生期に作られる．

こうしたモーターカラムは四肢が発達した羊膜類に見られるものであるが，両生類にもその萌芽のような形態が見られる．しかし条鰭類には見いだされなかったため，モーターカラムは左右の付属肢をコントロールする仕組みとして，四肢が進化するのに同期して獲得されたと長い間考えられていた．しかし興味深いことに，かねてから，不思議かつかわいい「歩くサメ」の存在が知られていた．それらは左右の胸鰭と左右の腹鰭を交互に動かし，まるで胸鰭を前肢のように，腹鰭を後肢のように使って，海底をヒョイヒョイと歩くのである．さらにすごいのは，「歩くエイ」というものもいて，これらの種は腹鰭の前部に crus（脚）というオタマジャクシの後肢のような構造をもち，ここには特殊化した軟骨と筋肉がある．これを使ってこのエイは海底をノシノシと「二足歩行」するのだ．ということは，彼らにはモーターカラムがあるということなのか？これについて，ダーセンらのグループが歩くエイ（ガンギエイ：*Leucoraja erinacea*）の脊髄を調べたところ，四足類に見られるような神経形態が見つかった（図 8.3）（Jung *et al.*, 2018）．神経の活動も四足類のものとよく似ていた．こうした形態的・生理的特徴のみならず，本種では四肢の筋肉に投射する神経パターンを作る *Hox* 遺伝子とその下流遺伝子の発現様式までもが四足類と共通していたのである．四肢の形成には，*Foxp*1 遺伝子が関与する．この遺伝子が発現している脊髄領域では，四肢を支配する運動ニューロンが分化するのだ．哺乳類では，*Foxp*1 遺伝子は *Hox* 遺伝子によって負に制御されている．*Hox*9 は四肢のできない体幹部の脊髄に発現していて，その下流では *Foxp*1 が抑制されるため，そこには四肢を支配する運動ニューロン，すなわちラテラルモーターカラムが分化しない．一方，*Hox*6 は *Hox*9 の前方，*Hox*10 は *Hox*9 の後方に発現していて，それぞれ前足と後足を支配するモーターカラムを生じる．エイでは *Hox*9 の発現や機能が少し変わってはいるものの，概して似たようなパターンがある．歩き方が似ているということであれば収斂進化によるものとも考えられるが，制御機構である神経系がこれだけ似ているならば収斂進化とは考えにくい．そうすると，四肢をコントロールする脊髄の神経機構は軟骨魚類と条鰭類の祖先の段階，およそ 4 億 2000 万年前の段階でできあがっていたことになる．それが条鰭類の系統では二次的に失われたのだ．条鰭類が鰾を発明し，「浮遊生活」を始めたことで，海底を歩行するシステムが不要になったということなのかもしれない．

ちなみに四肢を失ったヘビ類では，*Hox*9 の相同遺伝子である *Hoxc*9 の発現場所が拡大することで *Foxp*1 が抑制されるため，ラテラルモーターカラムが分化しなくなっている（Jung *et al.*, 2014）．

自ら陸に上がる際には，四肢以外にも様々な箇所に改変が生じている．その多くは，水中と空気流での物理的環境の違いによるものだ．たとえば，光の屈折率は水中と陸上で異なる．そのため四足類ではレンズの形態が魚類よりも扁平な形になっている．また，半水性の種では瞬膜を効率的に使って，水中では瞬膜を閉じ，陸上では開くことで，有効な視力が得られるようになっている．また，音の伝導も水中と空気中で異なる．空気は水よりも音を伝導させにくい．そのため，空気の振動を効率良くとらえるために，無尾類では鼓膜が進化している．鼓膜は双弓類や単弓類にも見られるが，四足類のいくつかの系統で独自に進化したようだ．

8.5 両生類の脳

両生類のうち，脳研究が比較的進んでいるのは無尾類と有尾類である（**図 8.4**）．特に有尾類については，ヘリックがトラフサンショウウオを用いて詳細な比較形態学的研究を行ったことは有名である

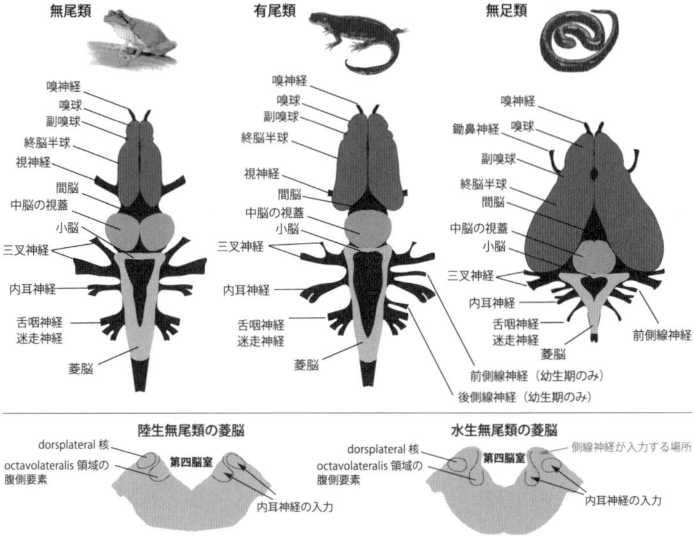

図 8.4　平滑両生類の脳
Striedter & Northcutt (2020) を改変.

る．ヘリックは有尾類の脳が極めて単純であることを突き止め，これがおそらく二次的な単純化であると察していたが，その考えを一歩進めて，有尾類の脳が脊椎動物の共通祖先がもっていた単純な脳形態のヒントになるのではないかと考えた．むろん現在では，進化の過程で二次的に退化（退行的進化）してできた形質は必ずしも祖先の形態と同一ではないことは周知の事実である．したがって，現生有尾類の脳から四足類の共通祖先の脳を類推することはちょっと危険である．有尾類に比べると無尾類の脳はかなり複雑であるが，無尾類においても独自の改変や単純化が生じているようなので，やはり研究者が現生両生類を用いて脊椎動物の脳の進化史を紐解くことは難しい．羊膜類に近縁な両生類系統が現存していないのは返す返す残念なことだ．しかし言い換えると，平滑両生亜綱の脳は，「脊椎動物の脳がどのように退行的進化をするのか」に関する良い例を提供してくれそうだ．それに，両生類では神経系における大量絶滅とでもいうべき，「側線神経系の完全消失」が起きる．一つの神経系がまるごと失われるイベントについても貴重な情報が得られそうである．無足類の脳はちょっと変わっている．前後に圧縮されたようになっているのだ（図 8.4）．そのため相対的に終脳がとても大きく見える．ただ残念なことに，この興味深い脳にはまだほとんど手がつけられていない．

菱　脳

両生類の菱脳は，基本的には他の脊椎動物と同様の構成をしている（図 8.4）．ただし，水性の幼生段階から陸上生活に移行する過程で，側線神経の受容器やその情報を受ける菱脳の神経核（小脳様領域）は退縮してしまう．これらの神経装置は空気中では全く役に立たないのだから，退化するのは自明である．それを裏づけるように，生涯を水中で過ごすアフリカツメガエルでは，機械受容性の側線器や神経核は成体でも残っている．この側線神経系消失事件がどのような仕組みで生じるのかは極めて興味深いが，まだよくわかっていない．実験によく用いられるアフリカツメガエルでは側線神経系が消失しないことも，研究が進んでいない理由の一つだろう．今後，側線神経系が消える系統を用いて分子発生学的な研究を進める必要がある．

聴覚にまつわる話をしよう．魚類の菱脳で第八脳神経，すなわち平衡覚系と聴覚系の入力を受けるのは，内耳・側線（octavolateralis）領域の腹側にある要素である（図 8.4）．ここには聴覚と平衡覚の情報が入っているのだが，両生類では空気の振動を効率的にとらえる鼓膜ができ，聴覚系が発達していく．側線神経の代替として聴覚系が選ばれたのだ．それにより，脳にも聴覚専門の場所が作られることになった．平衡覚系と聴覚系の両方が入力する従来の場所に加えて新たにできたのが dorsolateral 核である．これが新たにできた神経核なのか，あるいは過去にそこにあった電気感覚性側線神経核がトランスフォームしたのかは未だ議論されている．また，これは羊膜類の蝸牛神経核とは相同ではないようだ（Striedter & Northcutt, 2020）．

小　脳

両生類の小脳は小さい（図 8.4）．これはおそらく二次的な退縮であると思われる．一般的に小脳は運動をコントロールしていて，3 次元的な動きをする遊泳性の魚類の小脳が発達していること，そして底生性の魚の小脳が小さめであることを鑑みると，陸上を生活圏とするために主に 2 次元的な移動を行わざるを得なくなったことが，小脳の退行的進化の淘汰圧になったかもしれない．ただし小脳の断面を見ると，そこにある組成は他の脊椎動物と原則的に同じであり（図 6.7），神経回路に関しても，前庭神経核，脊髄や下オリーブから入力を受け，小脳核を介して平衡覚系，中脳，そして延髄や脊髄の運動神経に出力する様式が見られる．小脳の構成は四足類への進化の過程で保存されていることがわかる．

中　脳

両生類の中脳の基本構成は他の脊椎動物とよく似ており，視蓋は概して発達している（図 8.4）．無尾類が明瞭な層構造をもつのに対し，有尾類のものは単純であるが，それでも層構造は確認できる．カエルを用いた実験から彼らの視蓋は，魚類等と同じく餌に対する定位にかかわることがわかっている．カエルの視蓋を上下逆さまにして移植する古典的な実験では，カエルはエサがいるところとは逆の場所に舌を伸ばしてしまう (Purves & Lightman, 1985)．半円堤も，側線神経の入力はなくなってしまったが健在であり，むしろ聴覚系の中枢として重要な役割を担っている．カエルは鳴き声で求愛や警戒をするので，聴覚系はとても重要なのだ．ちなみに，鳴き声を出す脊椎動物は多いが，いずれの種も菱脳と脊髄の境界に発声にかかわる神経核群がある (Bass & Baker, 1991)．哺乳類は声帯，鳥類は鳴管，カエルは咽頭，骨鰾類は鰾といった風に音を出す装置はそれぞれ異なっているのに，神経要素が共通していることは興味深い．

間脳と視床下部

両生類の間脳については，他の脊椎動物と同様のプロソメア構造をもつ．視床はあまり発達しておらず，前方にある視床核は終脳の内側外套や中隔域に線維を送り，中央の核は線条体に繊維を出している．両生類の視床下部は，遺伝子発現や形態から見る限り他の脊椎動物とよく似ており，この領域が進化的に保存されていることを物語っている．ただし，シーラカンスにはあるがハイギョや四足類にはない神経核も見つかっており，肉鰭類の進化の過程で変更された要素もそれなりにあるようだ．

終　脳

両生類の終脳は外套と外套下部に分かれていて，外套はさらに内側，背側，外側，腹側の 4 つのパートに分かれているように見える（図 5.9）．その終脳の断面をじっと見ると，無尾類の終脳は外套部分が薄く，その代わり外套下部の中隔域や線条体の部分が大きい．つまり両生類の終脳では，外套ではなく，外套下部が最も重要な場所として機能しているように見えるのだ．これは後に述べる羊膜類とは逆である．両生類と羊膜類の終脳の相同性については，背側外套の存在も疑問を投げかけている．背側外套は，哺乳類では新皮質が生じる極めて重要な場所である．羊膜類では背側外套に層構造があるのが一般的だが，両生類の背側外套は薄く，そこには層は見られないのだ．さらに，羊膜類の背側外套は視床から多くの入力を受け，嗅球からの入力は受けないのに対し，両生類の背側外套には視床の入力も嗅球からの入力もある．その際，視床から伸びてくる神経入力は貧相で，その経路は羊膜類が終脳の外側を巡ってくるのに対し，両生類では内側からやってくる．このことから，一部の比較形態学者は，両生類には背側外套は存在せず，背側外套とされてきた場所は外側外套と内側外套の移行部なのではないかと考えている（Striedter & Northcutt, 2020）．無羊膜類の背側外套は，まるで砂漠のど真ん中で行き倒れかけた旅人の目に映ったオアシスのごとく，あるのかないのかはっきりしない場所だ．ヤツメウナギの外側外套は視床からの入力を受けているため，哺乳類の背側外套と相同という考えがあるが，そこは嗅覚の入力を多く受けている．つまり両生類と似た状況になっている．こういったことを考えると，背側外套は羊膜類の共通祖先の段階で確立されたのかもしれない．

無尾類では視床の入力は主に外套下部の中隔域・線条体に入り，外套には嗅覚系の情報が多く入っている．かろうじて内側外套が視床の線維を受けている状況である．おそらく四足類の祖先の終脳もこのような構成であった可能性がある．終脳の外套は羊膜類のような様々な感覚・運動の統合中枢ではなく，未だ嗅覚の中枢であったのだ．終脳が大規模な改変を遂げるのはおそらく現生両生類の系統と羊膜類の系統が分岐した後であろう．羊膜類が完全に陸上で生活できるようになり，様々な環境に適応放散していく過程で終脳の設計図は大きく書き換えられていくのである．

8.6 大量絶滅

脊椎動物を含む地球上の生物たちは，幾度か大量絶滅という悲劇に見舞われてきた．それは何度か起こり，そうしたイベントが地質年代の区切りになっている．これは産出する化石をもとに地質学的な年代が定義されているため，生物相ががらっと変わった時点が年代の区切りとなるからである．大量絶滅の中では，6600 万年前に起きたイベントが有名である．これによって，鳥類以外の恐竜が滅び，それ以外にも海生の巨大爬虫類や翼竜や軟体動物のアンモナイト類も絶滅している．この大惨事の要因は，宇宙から飛来した小惑星であることがわかっている．

これよりも前に史上最大の絶滅があったことをご存知だろうか．それはおよそ 2 億 5000 万年前に起きたイベントで，これが古生代と中生代の境界になっている．このイベントの際には，大規模な酸素濃度の低下が起こったことがわかっている．そのため，これ以降の地球では効率良く酸素を取り込む仕組みを備えた脊椎動物が勃興する．多くの酸素を効率的・継続的に取り込む仕組みができたことは，脳の進化にも大いなる影響を及ぼしただろう．事実，羊膜類は他の系統とは一線を画する「巨大脳」を進化させていく．

9

陸海空の制覇

9.1 地上での適応放散

羊膜類が出現してから，陸上のあらゆる環境が脊椎動物の活動の舞台となった．そして，この地の支配権を巡り，2つの系統が2億年以上にわたる競合を繰り広げている．この，地上の覇権を巡る闘争を運命づけられた2つの系統こそが，単弓類と竜弓類である（**図 9.1**）．単弓類とは我々哺乳類に連なる系統であり，特徴としては頭骨に側頭窓という骨の穴を1つもっている．竜弓類は爬虫類と鳥類に連なる系統であり，側頭窓が2つある．ただし竜弓類や哺乳類では，側頭窓が二次的に見られなくなっている例がある．たとえばカメがそうだ．カメ類は側頭窓を欠くため，以前は他の化石種とともに無弓類というグループに入れられ，竜弓類が分岐する以前に分かれた系統であると考えられていたが，近年の研究によりカメは竜弓類であることが立証されている（Green *et al.*, 2014）．あくまで単弓類は1つ，竜弓類は2つの側頭窓をもつ祖先に由来すると認識し

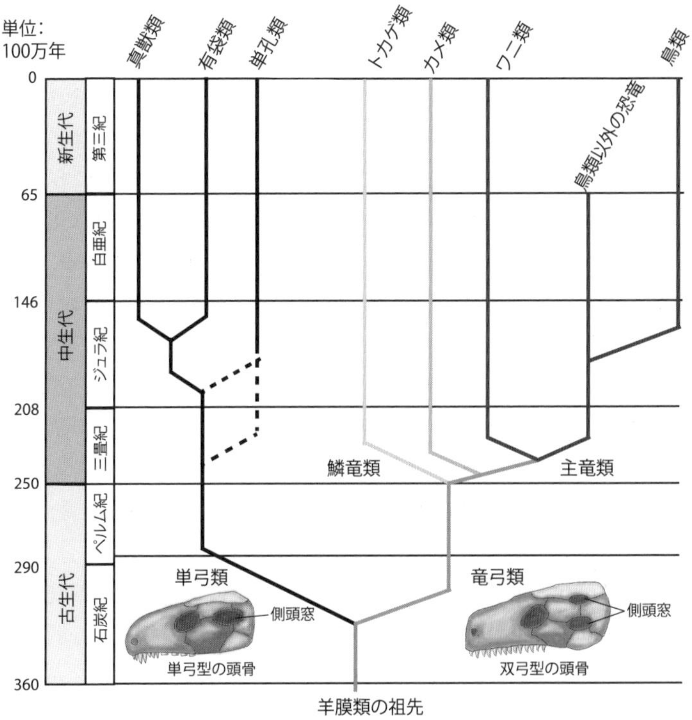

図 9.1　羊膜類の系統

Nomura *et al*. (2014) を改変.

ておくのがいいだろう．竜弓類からは，さらにいくつかの系統が派生した．それらのうち，現在も生きながらえているのが鱗竜類（ヘビ類，トカゲ類，ムカシトカゲ類），カメ類，主竜類（ワニ類，鳥類）である．ちなみに系統学の分野では，双弓類という名称もよく出てくる．何が違うのか？　双弓類とは，竜弓類からパレイアサウルスなどが属する側爬虫類（Parareptilia）を除いた系統を指す．側爬虫類は三畳紀末に絶滅したため，現生種に限っていえば竜弓類＝

双弓類となる．そのため筆者はもっぱら「竜弓類」という名称を用いている．そっちの方がカッコいいからである．ここまでの話で，「爬虫類」という名称が出てこないことに違和感を覚えた読者もいるだろう．爬虫類（爬虫綱）はリンネによる古典的な分類体系の一つとして，一般に広く知られている．ただし，爬虫類という名称は，実は大いに問題がある．進化過程を追うためには系統（祖先から分岐してきた順序）に沿って変化を見ていく必要があるが，「爬虫類」という分類名は，系統の単位を正しく表していないのだ．一般に爬虫類と称される動物群からは多くの系統が派生してきたが，その中には絶滅した恐竜も含まれている．そして，恐竜の一部から鳥類が生じたとされているので，進化系列として鳥類は爬虫類の一部ということになる．つまり，「爬虫類」は単一の系統を反映した名称ではなく，系統内の一部の例外（鳥類）を除いた動物たち，というややこしいまとまりとなってしまう．このような場合，「爬虫類は側系統である」という．また，哺乳類に至る単弓類系統のうち，現生哺乳類の特徴（体毛や横隔膜など）を欠く化石種も爬虫類に含められる場合がある．盤竜類などの「哺乳類型爬虫類」がそうだ．彼らは現生の爬虫類とは系統的なつながりはないため，このグループ分けも進化学では混乱を招いてしまう．そのため，爬虫類という名称は専門的な場ではあまり使われなくなってきた．しかし，本章では一般にはよく普及している「爬虫類」という名称を，「現生の竜弓類の中から鳥類を除いたもの」を指すものとして用いることにする．

9.2 竜弓類

爬虫類は哺乳類にとって因縁ある宿敵といえる存在である．爬虫類と哺乳類は彼らの祖先が石炭紀頃に袂を分かってから，それぞれ独自の進化の道を歩んできた．彼らはいずれも祖先が獲得した羊膜（発生期に胚を乾燥から守る）によって，陸上での繁殖が可能となった．そのため，陸上という共通のフロンティアを巡り，その地でどちらが勝つかという競争を繰り広げたのである．それが，中生代の生物相を大変面白いものにしている．その競争の初期の頃は，哺乳類側（後に哺乳類を生み出す単弓型の系統）が優勢で，多くの種を生み出し大型化していた．盤竜類やゴルゴノプス類などがそれにあたる．その後，形勢は逆転し，爬虫類（の中でも主竜類）が台頭する．主竜類の中でも，恐竜類は当時の地球環境において適応に有利な要素をいくつか備えていたようで，当時の生態系の頂点に君臨することになった．そうして恐竜が地上を席巻している間に，単弓類系統から現生哺乳類の系統が生じた．その中には大型化したものや，小型の恐竜を捕食していたらしいものもいたが，やはり華々しく多様化した恐竜類に比べると，その勢いは貧相であったといわざるを得ない．哺乳類は恐竜があまり活動しない夜間に活動するようになり，視覚以外の感覚が発達したといわれている．

その後，鳥類以外の恐竜が滅び去ると，哺乳類の時代が訪れる．この新生代の間に，哺乳類は大型化し，様々な種が分岐した．現在は哺乳類が優勢に見えるが，種類数を見ると爬虫類の方が多く，熱帯地域では哺乳類に匹敵するサイズをもつ爬虫類も数多い．それに，恐竜から派生した鳥類は，今の世界で制空権を握っている．飛行性哺乳類のコウモリが主に夜間に活動している様子は，中生代の陸上での勢力図を空中に置き換えたような状況になっていて面白い．

このように，爬虫類と哺乳類は熾烈な競争を繰り広げたことにより，それぞれの脳には高度化を進める課題を背負うことになった．そして両者はそれぞれ別々のやり方で脳を進化させたのである

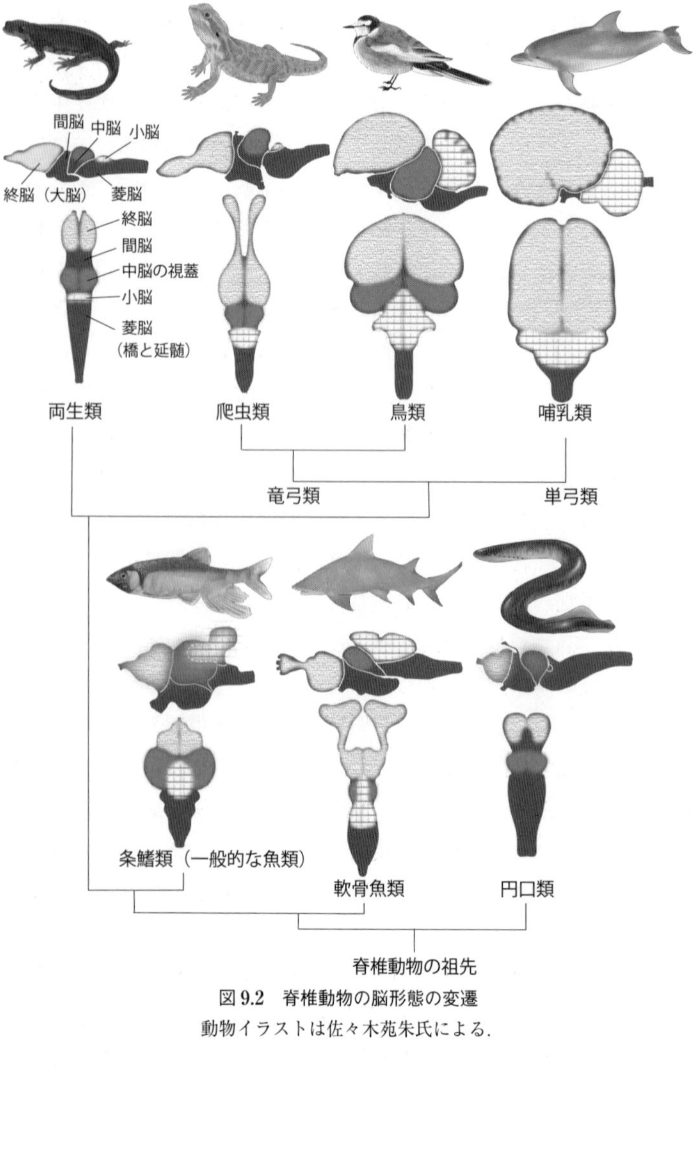

図 9.2　脊椎動物の脳形態の変遷
動物イラストは佐々木苑朱氏による.

(**図 9.2**). では地上での覇権争いの過程で，脳のどこが変わったのか？　中脳や小脳にも当然大きな変化があるが，最も大きく変わったといえるのは終脳である．爬虫類と哺乳類の終脳は，それまでの無羊膜類とは大きく異なるものに変貌しているのだ．しかも両者は，それぞれ独自の方向性で終脳を発達させている．爬虫類と哺乳類の終脳は，外見を一瞥すると似ているようにも見えるが，その中身は別物といってよいほどに大きな違いが生じている（図 5.9）．そこには 2 億年近くにわたる競争の歴史が刻み込まれているのだ．

9.3 竜弓類の戦略

両生類から羊膜類へと進化する過程では，水中では必須であったものが失われていく．側線系がそうだ．その代わりに，空気中の生存に必要なものが発達してくる．たとえば，空気呼吸に必要な肺の機能が増強される．さらに，水中で使われていたものが空気中でも使えるように改変される場合もある．その良い例が眼である．眼が動物が進化する上で鍵となる発明であったことは前に述べた．眼は水中生活を行う上で極めて有能であったのだが，空気と水では光の屈折率が異なるため，水中用の眼をそのまま使うことはできない．そこで，羊膜類ではレンズなどの光学装置が大幅に改変される．光は水中では深さによって急速に減衰したり，天候次第で濁ったりするが，空気中では光環境がそこまで激しく変わることはない．したがって，視覚は水中よりも空気中の方が，世界を認識するツールとして有用である．そのため，羊膜類の系統では視覚の改変が生じている．その中でも，眼を特に重視した「視覚特化」の傾向が見られるのが竜弓類であり，鳥類は眼を極限まで発達させている．こうした進化に伴い，竜弓類では脳の形態や配線も視覚を重視したものになっていく．

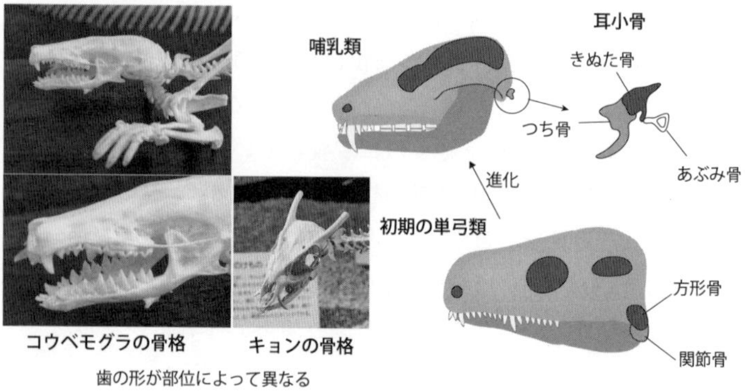

図 9.3　哺乳類の特徴
コウベモグラの骨格標本は飯村彬仁氏作成.

眼と同様に，陸上生活への完全移行の際に改変されたのが聴覚系である．空気中で音を聴くための鼓膜は，両生類の無尾類，単弓類，竜弓類でそれぞれ独立に進化したため，単弓類と竜弓類では鼓膜ができる位置が異なり，その発生にかかわる機構にも様々な違いがある．さらに，鼓膜から脳へと音を伝える過程についても，単弓類と竜弓類では異なっている．単弓類ではそれまで顎の骨として使っていた骨を，音を伝えるための耳小骨に組み込むという大胆なことを成し遂げている (Rijli *et al.*, 1993)．こうすることで，耳小骨の数が 3 つになり，音を増幅できる（**図 9.3**）．さらに単弓類は，可動式で大型の耳介によって集音能力を上げている．ただし竜弓類でも，トカゲ類では左右の中耳が口腔を通してリンクし，左から音がきたら左右の中耳がそれを感知できるようになっていて，音がどちらからきたかがわかりやすくなっている (Christensen-Dalsgaard & Manley, 2008)．先ほど，竜弓類の進化に視覚特化の傾向が見られると述べたが，単弓類の場合は聴覚の性能を上げてきたといえそうだ．ただし，単弓類では他の感覚もないがしろにはしていない．

視覚にはほどほどに力を注ぎ，嗅覚，聴覚，体性感覚（触覚）など様々な感覚系を発達させる方向に進化していったように見える．

このように，聴覚系を構成する要素には羊膜類の間で多様性が見られるが，爬虫類や鳥類などの系統内でも様々である．ヘビ類では鼓膜を含む外耳が退化している．その代わり，彼らは顎の骨で空気の振動を感知している．ヘビ類で外耳が退化した理由は，進化の過程で地中性の時期を経たためと考えられている．また，聴覚が発達した系統である単弓類でも，クジラ類では外耳が退化している．これは水中生活に適応したためと考えられる．ヘビ類とクジラ類がそれぞれ地中・水中に適応する過程で聴覚系を退行的進化させた例を見ても，外耳や鼓膜は地上生活において有効な要素として進化したことがわかる．

味覚系や嗅覚系も竜弓類の進化の過程で様々な変化が見られる．味覚についていえば，味覚のうち，甘みを感じる受容体は多くの鳥で失われているようだ．ペンギン類では味覚の受容体の多くが喪失し，旨味，すなわちタンパク質を検出するものもない（Zhao *et al.*, 2015）．鳥類の多くはエサを丸呑みにするものが多いので，味覚系が退化したのだろう．

鳥類の嗅覚については，最近興味深い研究が進んでいる．以前の研究では，空中生活をしている鳥類にとって匂いはそれほど重要ではないと考えられており，実際に嗅球がとても小さいことからも，鳥類は嗅覚が貧弱であるとの説が主流であった．しかし最近の研究から，鳥類では独自の嗅覚受容体が進化していて，我々では検知できない匂いを嗅いでいるらしいことがわかりつつある（Steiger *et al.*, 2009）．海鳥では，植物プランクトンが出す匂いを検出することで，広い海原でエサとなる魚を探しているらしい（Nevitt, 2008）．彼らはうまくやっているようだ．『白鯨』（1956）という映画では，茫漠たる海上にどこからともなく無数の鳥が現れる．そして暗い海の上を鳥の群れが舞う中，海中から悪魔めいた巨大な白いマッコウクジラが出現するのだ．

両生類の章（第 8 章）で触れたように，嗅覚系には主嗅覚系と副嗅覚系の 2 種類がある．これらのうち，副嗅覚系は竜弓類の中で様々に変化している．まず，鱗竜類（ただしムカシトカゲ類は除く）ではとてもよく発達している．その中でもオオトカゲ類やヘビ類では非常に重要な感覚となっている．ヘビが舌をチロチロと出し入れしているのは，舌の先で匂い物質を拾い，それを口腔にある鋤鼻器（副嗅覚系の感覚器）に入れて匂いを嗅いでいるのである．その一方で，主竜類では副嗅覚系は退化しており，ワニや鳥には鋤鼻器は見られない．主竜類の姉妹群であるカメ類では，鋤鼻器は見られるが痕跡的である．

運動面について簡単に述べると，四肢を効率良くコントロールするためのモーターカラムは，両生類では不明瞭であったものが，羊膜類になると完成されている (図 8.3)．また，四肢の位置については，鱗竜類では体の側方から足が出て両生類型の腹這い姿勢をとるトカゲ類のものがおそらく祖先的であり（**図 9.4**），この姿勢は陸上で移動するにはいささか効率が良くない．そのためか，鱗竜類のヘビ類は四肢を全て捨て去るという過激な戦略に打って出て，結果的に成功している．ヘビ類は四肢を失う代わりに腹板という特別な鱗を肋骨と筋肉によってリンクさせることで，腹板を動かして移動できるようになっており，いわば腹面全体と足にしたような感じになっている．発想の転換である．そのため，モーターカラムも二次的に改変され，四肢の運動を司るラテラルモーターカラムが失われて，体幹部全体にメディアルモーターカラムがある（図 4.2）．主竜類では四肢の位置が体の側面から腹面に移動し，胴体の下に足を

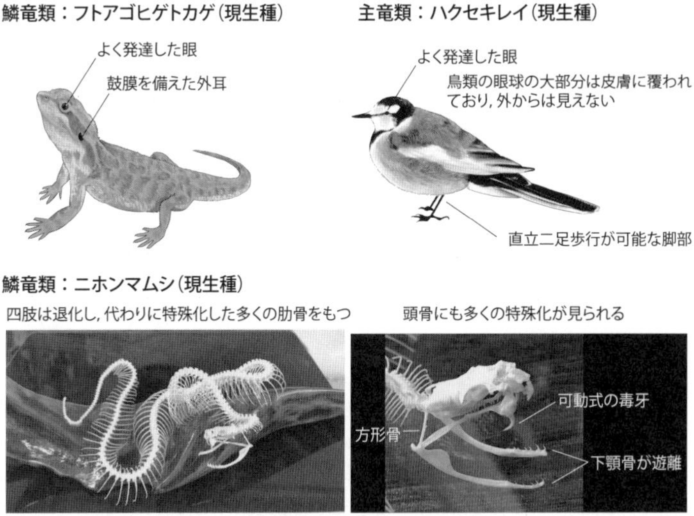

図 9.4　竜弓類の特徴
動物イラストは佐々木苑朱氏による．骨格標本は飯村彬仁氏作成．

まっすぐ伸ばして完璧な直立歩行ができるようになっている（図9.4）．ワニ類は腹這いのように見えるが，彼らもその気になれば四肢を体の下にまっすぐ伸ばして歩行できる．ヌマワニはたびたびこのような哺乳類のような姿勢で歩くし，ジョンストンワニはギャロップで疾走する．主竜類では前肢を使わず後肢のみで歩く「直立二足歩行」を行うものも多い．鳥類がそうだ．そのため陸上での移動が大変効率的に行えるようになった．これは鳥類を派生させた恐竜類を進化的成功に導いた要因の一つであろう．このように，直立二足歩行を行う系統ではバランスをとるための長い尾や長い首をもつものが多く，平衡器である三半規管がよく発達している．また，恐竜や鳥類には，脊髄の後肢部分に巨大な肥大部がある．そこはおそらく，後肢を動かす運動神経の細胞体（モーターカラム）と神経束が形作る膨大部（腰膨大）であり，さらにエネルギーとなるグリコーゲンを蓄える部位ともなっていたようだ．そのためこの膨大部はグリコーゲンボディと呼ばれている．かつて，ステゴサウルスには腰の部分に第二の脳があるとされ，「ゴジラの逆襲」に出てくる怪獣アンギラスにもその設定が使われていたが，おそらくそれはグリコーゲンボディである．運動系に関しては，カメ類は一風変わっている．カメ類は甲羅をもつがゆえに，胴体の可動性が著しく低下している．そのため，手足を除く体幹部の運動神経は発達が悪いか，リクガメなどではなくなっている場合もある（Nieuwenhuys, 1997）．ただし感覚神経はちゃんと存在している．

鱗竜類では頭骨がよく動く．これは頭骨を構成するそれぞれの骨が細くなることで可動性がもたらされているためだ．ヘビ類はこの傾向が極限まで進んでいる（図 9.4）．彼らの下顎の骨は融合しておらず，靱帯でつながっている．さらに，方形骨と関節骨による顎関節も他の系統より圧倒的に可動幅が広いため，通常の口の直径よりはるかに大きな獲物を丸呑みにできる．手足を失うという独特の進化が成功を収めた背景には，こうした接触様式の変化も重要だっただろう．ヘビ類ではさらに，上顎の骨の一部を可動式の毒牙にしている管牙類というグループもいる．毒を使う戦術を最高レベルまで高めているのも鱗竜類（の中でもヘビ類）だ．彼らは羊膜類の中でも極めて興味深い進化をしているといえよう．こうした特殊化の影で，頭部の可動にかかわる神経系にも多くの改変が生じていると思われるが，残念ながら詳しいことはわかっていない．ただ，頭部を支配する三叉神経について，ヘビに独自に見られる形態がいくつか報告されている（後述）．

9.4 竜弓類の脳

菱 脳

竜弓類の菱脳では，概して他の系統と同様の構成が見られる．ただし，無羊膜類と比べると，聴覚系の神経核で大きな変化がある．これは彼らの聴覚システムが空気中の音を聴くように進化したためであろう．竜弓類では蝸牛神経核が2つの大きな神経核に分かれて発達している (Striedter & Northcutt, 2020)．その2つとは，角状核と大細胞核である．また，鳥類のフクロウを用いた研究により，左右の耳に届く音の時間差から音源の方向を知るための神経回路を備えた層状核と呼ばれる大型の神経核があることもわかっている (Konishi, 2006)．この神経核に相同な哺乳類の神経核は上オリーブ核であると考えられてきたが，それに反する見解もある．

聴覚系以外では，鱗竜類のうちボア科とマムシ亜科のヘビで，顎のところにピット器官という赤外線の受容器（ピット膜）をもつ．マムシ類の場合ピット膜は，三叉神経の眼枝と上顎枝の枝が膜の特定の場所を担当するように神経支配されていて，その情報は菱脳にある熱核と三叉神経外側下降路核 (LTTD) という独自の神経核に送られる．LTTD に接続する三叉神経の軸索は，ピット器官を構成するピット膜の場所に対応した配置で「場所特異的」に接続する (Kohl *et al.*, 2014)．つまり感覚地図に似た様相を呈している．これらの神経核は中脳視蓋に情報を送り，赤外線の情報が視覚の感覚地図と統合され，まるで暗視カメラのように温度が高い物体が「見える」ようになる．

小 脳

竜弓類は，小脳の進化様式を知る上で極めて興味深い動物群だ．

その理由は，系統内で小脳の発達の程度が大きく異なるからである（**図 9.5**）．ムカシトカゲ類，鱗竜類，カメ類の小脳は相対的に小さいのに対し，ワニ類ではそこそこ大きく，そして鳥類ではずば抜けた大きさになる．こうした多様性が竜弓類というグループ内で見られることは，小脳の進化を探る上で貴重である．こうした小脳の発達は，陸上生活における生活圏の拡大や新たな生活スタイルと関係しているだろう．陸上を疾走したり空中を飛翔したりするには，様々な感覚器や筋肉を総動員する必要がある．その調整を行う場として，小脳が要となる構造であったのだ．

このように小脳のサイズは竜弓類のグループごとに異なっており，鳥類では哺乳類と同じく皺（脳回）が複雑に発達しているが，それらの内部構造は比較的よく似ている．ただし，一部のトカゲ類では小脳が外側にめくれるように発生するため，断面を見ると顆粒細胞層–プルキンエ細胞層–分子層となっているように見える（図 6.7）．これはもちろん小脳が反り返っているからそう見えるだけで，配置は他の系統のものと同じである．それから，ヘビ類ではプルキンエ細胞が層にならずに塊状になっていることが報告されている（図 6.7）（Aspden *et al.*, 2015）．

また，小脳への入力において，大脳から橋核を介してやってくる経路が哺乳類と鳥類に見られる．橋核は哺乳類でとても大きく，鳥類ではそれに比べるとかなり小さい（図 9.5）．また，鳥類以外の爬虫類でも橋核の存在を認める説と認めない説がある（Striedter & Northcutt, 2020）．そのため，橋核が羊膜類の共通祖先の段階で確立されたのか，鳥類と哺乳類でそれぞれ独立に獲得されたのかについては未だ不明である．

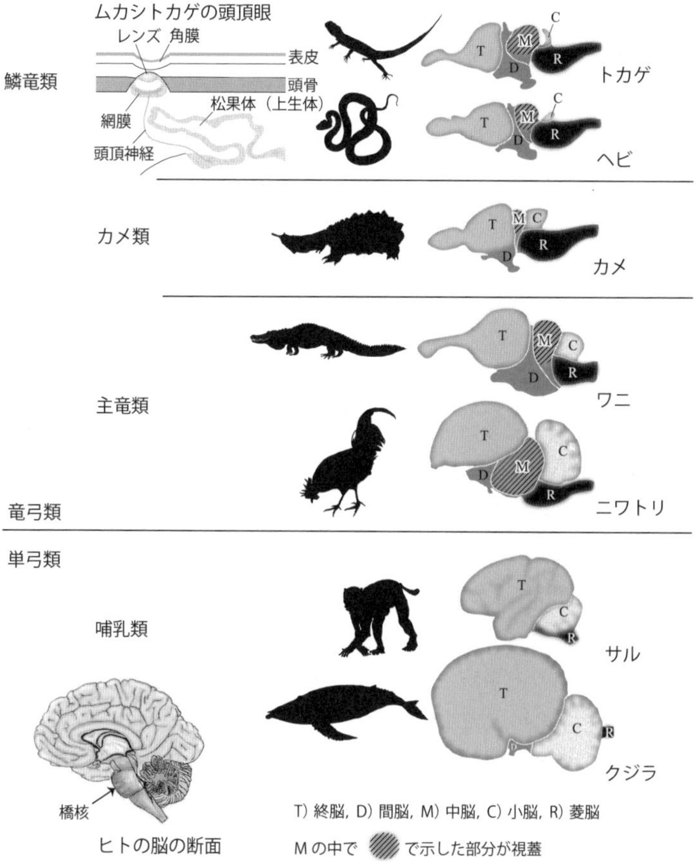

図 9.5　竜弓類と単弓類の脳

ムカシトカゲの頭頂眼は Liem *et al*. (2000) を改変.

中　脳

竜弓類の中脳は著しく発達した視蓋が特徴的である（図 9.5）．そこには 15 もの層があり，その表層では視覚系からの入力を受け，深層では体性感覚や聴覚の入力を受けている．視蓋に入力する感覚情報は，たとえば網膜に写ったものがそのまま視蓋に投影されるという特徴をもつ．つまり，網膜の特定の位置にある神経はその軸索を視蓋の特定の位置に送ることで，外部世界を鏡で映したように視蓋に「感覚地図」が作られる．これについては古典的な網膜視蓋投射の研究に始まり，現在ではその分子的な仕組みも明らかになっている．フクロウの視蓋では聴覚と視覚の地図が統合され，周囲の世界の認識において重要な役割を担っている (Konishi, 2006).

間　脳

羊膜類の間脳では，無羊膜類と異なり，視床が著しく発達し，竜弓類でも単弓類でも両生類よりも多くの神経核がある．そのため，羊膜類の視床の切片を見ると，大小様々な神経核がぎっしり詰まっている．これらについては，両生類で見られる吻側核，中央核，外側核という 3 つの神経核との相同性が検討されている (Striedter & Northcutt, 2020)．まず，竜弓類の円形核や哺乳類の視床枕複合体は視蓋からの入力を受けているので，両生類の外側核と相同であろう．トカゲ類の内側核，鳥類の卵形核，哺乳類の内側膝状体は半円堤（下丘）からの入力を受けるので，中央核と相同らしい．両生類の吻側核との相同関係についてはまだよくわかっていない．羊膜類における視床の発達により，羊膜類では視床が視床下部よりも広い領域を占めるようになり，間脳での最大勢力となった．

多くの脊椎動物では，視床の背側に光受容やサーカディアンリズムにかかわる上生体（松果体）が生じる．そして，円口類をはじめとするいくつかの系統の間脳では，上生体に加えてもう一つの構造，すなわち松果体複合体が見られ，それは爬虫類では頭頂眼 (parietal eye) と呼ばれている．頭頂眼は昼行性の鱗竜類で発達する傾向がある．頭頂眼を見ようと思ったらそこらへんにいる昼行性のトカゲ類を捕まえて頭部を見てみるとよい．特にカナヘビではよくわかる．この種の頭部をよくよく観察すると，点のようなものが頭頂の鱗（頭頂板）についている．これが頭頂眼だ．トカゲ類は概して外温性といわれ，自らの代謝では体温を高く維持することができず，体温を維持するために日光浴をする必要がある．高い体温を維持するのは結構大変だ．哺乳類や鳥類はそれをなすために常にエサを探し続ける必要がある．ルイス・キャロルの『鏡の国のアリス』で語られるように，同じ場所に留まるためには絶えず全力で走っていなければならないのが彼らの宿命である．外温性の種は，このような苦労をせず自然エネルギーに任せる省エネ型に進化したともとれる．そのため，砂漠などの過酷な環境では多くのトカゲ類が繁栄している．これらの動物では頭頂眼が明るさなどを感知して，日光浴に役立てているようだ．ただし，頭頂眼を最も発達させているのは，同じ鱗竜類ではあるがトカゲ類とは別系統のムカシトカゲ類だ．ムカシトカゲの頭頂眼は，レンズ，角膜，桿体型の光受容細胞を備えており，まさに「第三の眼」と呼ぶにふさわしいものとなっている（図 9.5）．このように，外温性の種が頭頂眼を発達させているのに対し，内温性（代謝によって体温を一定に保つことができる性質）をもつ鳥類や哺乳類では頭頂眼が見られない．もはや日光浴の必要がないためであろう．興味深いことに，哺乳類に連なる系統である単弓類のキノドン類には残存している (Carroll, 1990)．このことからも，内温性が進化していく過程で頭頂眼が失われた可能性が考えられる．

終　脳

爬虫類の終脳半球は，外から見ると，哺乳類の終脳とそれほど違わないように見えるかもしれない（図 9.5）．しかし，内部を見ると哺乳類と全く違っている（**図 9.6**）．それは，彼らの脳が哺乳類のそれとは全く違う進化戦略をとってきた証だ．真っ先に気がつくのは，脳の断面の真ん中に大きな隆起部があることである．これが爬虫類の脳探訪では必ず訪れるべき場所，背側脳室稜であり，研究者の間では dorsal ventricular ridge の頭文字をとって DVR と呼ばれる場合が多い．ここは前方の要素（ADVR）と後方の要素（PDVR）に分けられていて，PDVR は哺乳類の扁桃体（の外套要素）と相同とされており，嗅覚系からの入力を受け，視床下部と連絡している．そのため，副嗅覚系が発達したヘビ類などでは PDVR が発達し，その中でも後方にある sphericus 核が顕著である．ただし，ここは鋤鼻器が退化した鳥類にも存在しており，古外套と呼ばれている．ADVR に関して，プエイエスらは遺伝子発現などに基づき，哺乳類における前障，endopiriform nucleus，扁桃体（の外套要素）等と相同であると考え，カルテンらは，ADVR に視床からの線維が集められ，哺乳類の新皮質と似た配線様式になっていることを根拠に，哺乳類の新皮質と相同であると考えている（Striedter & Northcutt, 2020）．この議論については，未だ決着がついていない．ADVR の形態は竜弓類でも多彩であり，ムカシトカゲでは細胞が層状に配置した形態が見られるが，他の系統ではそのような細胞層は見られず，細胞がぎっしりと詰まっていたり，所々で小さな集塊を形成していたりする．鳥類の ADVR は中外套と巣外套と呼ばれており，それらの中には細胞が密集した場所が複数あり，ドメイン構造と呼ばれている．これらのドメインはそれぞれ独自の機能を担っていると考えられている．

興味深いことに，爬虫類の ADVR では聴覚，体性感覚，視覚がそれぞれ内側，中間，外側に入力している（図 9.6）．鳥類でも同様に，視覚はやや外側の内外套，体性感覚はその内側，そして聴

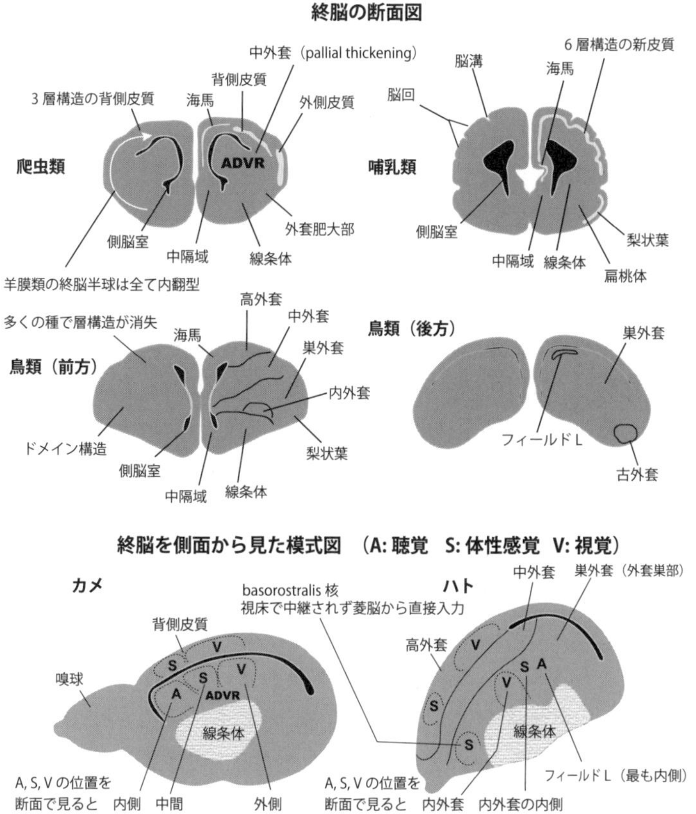

図 9.6 羊膜類の終脳

Nieuwenhuys (1997), Striedter & Northcutt (2020) を改変.

覚は内側にあるフィールド L に入力する．つまり，哺乳類の新皮質にある感覚野のようなものが見られるのである．鳥類にはさらに，体性感覚の線維が視床をスルーして直接 ADVR の前方部にある basorostralis 核に入力する特殊な経路がある (Striedter & Northcutt, 2020)．ここはいくつかの点で哺乳類の体性感覚野と似た特徴を示す（後述）．また，鳥類のADVRを構成する中外套と巣外套は，大きく見ると哺乳類の新皮質のように層になった構造を呈している．そしてそれらは，哺乳類の新皮質が層ごとに連絡を取り合っているのと同じように，互いに連絡し合っている．さらには，哺乳類で層特異的に発現する遺伝子のうち，主要なものがDVRに発現しており，出力系の層に発現する遺伝子は，鳥類や爬虫類でも出力系の領域に発現しているのである（後述）．こうしたことから考えると，ADVRは，機能的にも形態的にも哺乳類の新皮質と類似しているので，DVR＝新皮質という考えが優勢になりつつある気がするが，相同性については前述のように現在議論の真っ只中にある．最近では個別の神経細胞に発現する遺伝子の比較に基づき，爬虫類の背側皮質の隣にある中外套（pallial thickening）が哺乳類の新皮質に相同な部分であるとする説が提唱され，上記の層特異的遺伝子が前障や扁桃体（の外套部）にも発現していることから，DVR＝外側・腹側外套（要するに新皮質ではない）という説も巻き返している（Striedter & Northcutt, 2020）．この話はこれからどうなるのだろう？　正直，「付き合いきれない」と筆者は思う．ただ，こうした議論が白熱しているのは，羊膜類の終脳の形態があまりにも多様であるからだ．優秀な脳科学者たちの頭脳を翻弄し，終わりの見えない議論に没入させてしまうほどの進化を成し遂げているのである．

そもそも，爬虫類や鳥類の終脳において，哺乳類の新皮質と相同であるとされてきたのは，終脳の背側にある場所で，爬虫類では背側皮質，鳥類では高外套（かつてヴルスト Wulst と呼ばれていた）がそれにあたる（図9.6）．少なくともこれらの場所は，新皮質と相同であろう．新皮質と同じく発生期には終脳背側（背側外套）から生じるし，視床からの入力を受ける点でも共通している．そこに視覚系や体性感覚系を処理する中枢が感覚野のように分布している点も共通である．ただし，爬虫類の背側皮質は哺乳類の新皮質と比べるととても貧相であり，層構造も3層程度である（図9.6）．それに対して鳥類の高外套は分厚くなっており，新皮質ほどではないにしろよく発達している．

9.5 脊椎動物で初めて空を飛ぶ：翼竜の脳

鳥類で脳が発達した要因には，空中への適応があると考えられる．そこで，鳥類を含め，空を飛んだ竜弓類の脳神経系について少し述べたいと思う．まずは翼竜である．翼竜とはワニ類や鳥類が属する主竜類の1系統である．その形態的特徴として，4本目の指が長くなり，翼としてはたらく皮膜（飛膜）を支えている（**図9.7**）．それ以外の指は可動性を有している．哺乳類のコウモリが4本の指で飛膜を支えているのに対し，翼竜は1本の指のみで飛膜を支えているため，翼竜は飛膜の強度に問題があるのではないかという議論があるが，皮膜には血管や筋肉が入っており，かなり頑丈な構造だったと考えられている．翼竜には体側部から後肢にかけても皮膜が張られている．これはコウモリも同様だ．したがって，彼らは前肢のみならず胴体や後肢の皮膜からも揚力を得ている．滑空する動物（ムササビやヒヨケザルやトビトカゲ）もだいたいは体側部に膜があり，体全体を使って揚力を得るようになっている．滑空するヘビは皮膜がない代わりに肋骨を水平に広げ，体を平たくして揚力を得る（つまり体全体がコブラのフードのように扁平になる）．飛行動物の中で，前肢のみが飛行装置（翼）になっている鳥類はむしろ特殊であるといえる．初期の鳥類ミクロラプトルは後肢にも翼を有するが，体側に飛膜は見られない．

翼竜は大きく2系統に分けられる．簡単にいえば頭部が特殊化

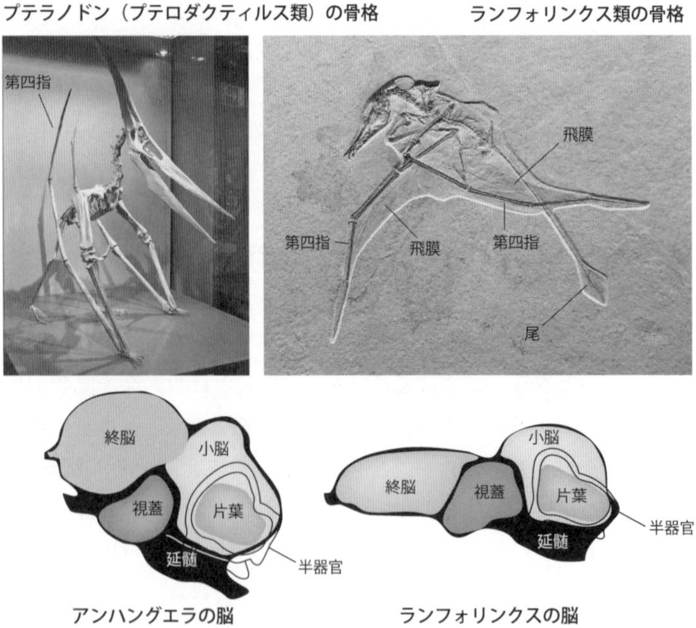

図 9.7　翼竜とその脳

翼竜の化石は，ウィーン自然史博物館所蔵の標本を撮影．脳のイラストは，Witmer *et al*. (2003) を改変．

しておらず尾が長いタイプ（ランフォリンクス類）と，様々な形態の頭部をもち尾が短いタイプ（プテロダクティルス類）である（図 9.7）．後者が後になって進化し，大型化した．これら翼竜は白亜紀という時代の地球環境によく適応し，様々な環境に分布を広げると同時に，実に多彩な形態をもつものが進化した．

翼竜は，これまで空を飛んだ動物の中で最大の種を含む．プテロダクティルス類に含まれるアズダルコ類の種（ケツァルコアトルスやハツェゴプテリクス）では，翼開長は 10 メートル以上，全長が 6 メートルを超え，高さはキリンに匹敵する．先ほど述べたように，プテロダクティルス類の頭部は多様な形態を見せる．中でもタペジャラ類は異様なまでに巨大なトサカをもつ．これらの種は翼があまり大きくないこともあり，頭と体のサイズ比が鳥類をはじめとする他の脊椎動物と著しく異なる．このようなアンバランスな形態をもつ翼竜が，どのように離陸・飛行したのかについては謎が多い．鳥のように後足で踏み込んで離陸するには，彼らの後脚は華奢すぎるのだ．最近の研究では，翼竜は四足歩行をしており，離陸前には4本脚で踏ん張って，よく発達した前足の筋肉を使って，自らの身体を「射出」したようである（Witton, 2013）．空中を3次元的に飛行するためにも平衡感覚は重要である．翼竜類は並外れた大きさの平衡器をもち，その情報が入力する小脳片葉（平衡覚と視覚との統合にかかわる領域）が著しく大きい．これらの感覚–神経領域の進化が，翼竜を飛翔生物として成功させたと考えられる．それに，翼竜は片葉のみならず脳全体もよく発達していたことがわかっている．通常，翼竜の骨格は壊れやすく，頭蓋骨の内部がわかるような化石は稀なのだが，プテロダクティルス類のアンハングエラで大変保存状態の良い化石が見つかっており，ウィトマーらが調べた結果，この生き物が極めて巨大な脳をもっていることがわかった（図9.7）（Witmer *et al*., 2003）．体重に対する脳重量のプロットを見ると，翼竜は一般的な爬虫類より上位にあり，鳥類に近い（図7.2）．飛行にかかわるとされる小脳も大きく，その主要部分である小脳体は脊髄小脳路を介して体幹部や飛膜の筋肉や皮膚にある固有受容器（体の状態をモニターする感覚器）から情報を受け取っていただろう．その膨大な情報処理を行うために，小脳がこのように巨大なものへと進化したと考えられる．また，進化したタイプの翼竜は両目の視野が重なる部分が大きくなり，立体視の能力が上がっている．また，それらの脳では視神経が入力する視蓋もよく発達しているので，彼らは優れた視覚をもっていたであろう．こうした形質を進化させたことにより，翼竜は脊椎動物の中で初めて空を飛んだグループとして，そして空を飛んだ最大の動物として，進化の歴史に偉大な足跡を印したのである．

9.6 恐竜の性質

恐竜は竜弓類の主竜類に属する系統であり，その骨盤の形態から，「竜盤類」と「鳥盤類」に分けられてきた．しかし最近になって，両者は対等な関係にあるのではなく，鳥盤類は竜盤類の内群だという解析結果も出されている (Baron *et al*., 2017).『ジュラシック・パーク』などの恐竜映画では，肉食恐竜は終始せわしなく動き，人間を見つけると咆哮を上げながら接近してきて，撃退されても執拗に付きまとい，何度も襲撃してくる．この動きは肉食の哺乳類を彷彿とさせるものだ．しかし，筆者はハリウッド映画に登場する恐竜の動きについて，「本当にそうなのか」という疑問が拭えずにいる．恐竜は主竜類で，しかも鳥類を生み出した系統なのだから，現代のワニや鳥に近い脳をもっていたはずだ．実際に化石のエンドキャスト解析でも，その脳形態は鳥に近いように見える (Balanoff *et al*., 2013)．そうであれば，その行動様式もワニや鳥に近いのではないか？　筆者は行動学者ではないので間違ったことを言っているかもしれないが，これまでいくつかの爬虫類を自ら観察した感じでは，彼らは原則的にじっとしていて，獲物の存在を感知するとおもむろに動き出し，捕食の際には素早く積極的に，さっと捕食する．その姿は日本の古流剣術か居合の動きのようで，実に洗練されている．鳥類についても，フクロウは基本的にじっと枝にとまり，ハシビロコウに至ってはピクリともしない．ハヤブサなどは空中で獲物を探しているが，気流をうまく利用しているのでそれほどせわしなく動いているようには見えない．そしてこれらの鳥類は，捕食の際は一撃必殺を旨とし，驚くほど素晴らしい動きを見せる．アオアシカツオドリが空中から海中へミサイルのようにダイブする姿は圧巻である．彼らは皆おしなべて無駄な動きはしないように思われる．恐竜についても，たとえそれが活動的なハンターであったとしても，『ジュラシック・パーク』のティラノサウルスやヴェロキラプトル（あれは大きすぎる．ディノニクスの間違いではないか？）のような動きではなかったかもしれない．きっと素晴らしく洗練された動きを見せていたことだろう．今後の恐竜映画では主竜類型の脳から繰り出される，格好いい姿を見たいものだ．

9.7 空中での適応放散

これまで陸上で成功した，すなわち多くの種を生み出し繁栄したグループには共通点がある．いずれも飛翔に成功していることだ．翼があれば，高山や海などあらゆる物理的障壁を易々と乗り越えて分布を広げることができるし，敵に襲われても速やかに上空に退避することができる．エサをとることも容易になるだろう．このことは，脊椎動物で最大の派閥である条鰭魚類の繁栄とも関係している．前にも述べたとおり，彼らの成功要因の一つは，鰾を発明して自身の体を水中でホバリングさせ，3 次元的な動きを容易にしたことにある．要は水中を「飛翔」できるようになったのだ．このように，生息空間を 3 次元的に移動できる能力は，適応放散にとって極めて強力な形質となるのである．事実，現生羊膜類では，鳥類が最も種類が多く，およそ 8000 種に及ぶ．これは哺乳類よりも多い．哺乳類に関していえば，種類数が最も多いのはネズミ類（齧歯目）ではあるが，哺乳類で唯一飛翔能力をもつコウモリ類（翼手目）がそれに次いで多い．また，無脊椎動物についても，陸上で最も繁栄しているのは飛翔能力をもつ有翅昆虫である．有翅昆虫類は陸上で最も成功したグループといっても過言ではない．この成功には，翅の獲得が深くかかわっていることは間違いない．

こうした空中を生息圏としたグループの脳には共通点はあるのだろうか？　羊膜類に関していえば，動力飛行，すなわち滑空ではなく自分自身の筋肉で飛翔する能力をもつグループ（翼竜類，鳥類，哺乳類）は，いずれも終脳と小脳が発達している傾向にある．特に主竜類を見ると，飛翔能力をもたないワニ類と，翼竜類・鳥類とでは，小脳のサイズに大きな違いがある（図 6.6，図 8.7）．空を飛ぶ系統では，小脳を大きくする淘汰圧がかかっていると考えられる．

また，脊椎動物で飛翔を可能としたグループはいずれも内温性，すなわち外部の熱源に頼ることなく自身で高い体温を維持できる性質を獲得しているようだ．鳥類と哺乳類は内温性であるし，おそらく翼竜もそうであったと考えられている．翼竜の体表には哺乳類の体毛に似たものがあり，“pycnofibers” と呼ばれている（Witton, 2013）．ただし，これは鳥類の羽毛のように鱗が変形したものだろう．しかし高い体温を保持するには役に立ったはずである．こうした高い生理機能は，多くのエネルギーを必要とする脳の神経細胞の維持や発達にとって極めて重要である．飛翔能力，内温性，そして脳の発達は互いに深く関連しているのだ．

9.8 鳥類の脳

鳥類が他の主竜類系統から分岐し，飛翔能力を獲得していったのはジュラ紀頃であると考えられており，だとすればその頃から飛翔という離れ業を可能にするための脳が進化していったのだろう．空を飛ぶには，様々な感覚を駆使して空中にいる自身の姿勢をモニターし，揚力を失って失速・墜落しないように運動系に効率良く翼を動かす指令を出す必要がある．さらにその上で，高空から獲物を見つけ出す索敵能力も必要であり，方角を見失わないような鋭い方向感覚も必要になる．そのため，鳥類は視覚が著しく発達し，さらに地磁気を感知できるようになっている．加えて鳥類は哺乳類に匹敵するレベルの学習能力をもつ．これは彼らの終脳が関係しているだろう．鳥類は他の竜弓類と比べると，別物といっていいほどよく発達した終脳をもっている（図 9.6）．道具を作って使用し，後々のためにエサをたくわえたりするカラス類では終脳の中外套と巣外套が大きいという報告があるし，いわゆる鳴禽の終脳では，音声コミュニケーションのための神経回路が発達している（伊澤，2018）．こうした諸々の事実は，彼らの脳が外部形態や生理機能の進化と歩調を合わせて進化してきたことを物語っている．そして鳥類の脳は，哺乳類とは別の進化の結果，脊椎動物の脳進化における一つの頂点に到達したのである．

9.9 クチバシの進化

鳥類を進化的な成功へと導いた要因は，飛翔能力の獲得や羽毛の進化であると考えられるが，その他にもクチバシの獲得が挙げられる（**図 9.8**）．クチバシは顎の骨をケラチンというタンパク質が覆い，構造が単純で軽いという特徴をもつ．我々の顎には歯が備わっているが，現生鳥類はこれを完全になくし，クチバシを発明した．クチバシは主に軽量化のために進化したといわれてきたが，それよりも有利な点がいくつか指摘されている．それは，歯をもたないことで維持管理が簡単になったことだ．歯というのは象牙質とエナメル質からなる構造であり，それを作るためには，それぞれ象牙芽細胞とエナメル芽細胞という特別な細胞が必要になる．このようにいくつもの細胞の連携により作られる歯の形を変えようとしても，お

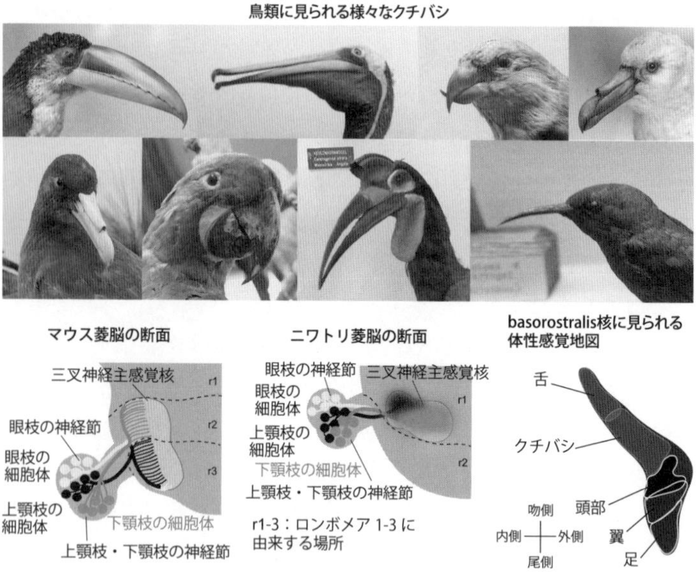

図 9.8　鳥類のクチバシと三叉神経

ウィーン自然史博物館所蔵の標本を筆者撮影．三叉神経のイラストは Rhinn *et al.* (2013) を改変．

いそれとは変更が利かない．一方，クチバシは構造がずっと単純であるため，形を変えようと思えば数世代で可能であり，ミヤコドリなどは数週間でクチバシの形を変えることができる．実際に進化論で有名になったガラパゴス諸島のダーウィンフィンチ類は，島ごとに，あるいは食性によってクチバシの形が違う．発生学的実験においても，ニワトリのクチバシ部分の間充織に BMP4 タンパク質を強制発現させることで，ニワトリ型の鋭いクチバシをフィンチ型の分厚い形態に変えることができることがわかっている (Abzhanov *et al.*, 2004)．

このような可変性のあるクチバシを得た鳥類は，さらにそれを改変し，上顎のクチバシも動かせるようにした．通常，顎口類の顎は下顎のみが動き，上顎は頭骨に固定されている．ただし軟骨魚類と鳥類はその例外で，上顎を動かすことができる．鳥類では上顎のクチバシが器用に動き，オウム類などではそれが顕著である．鳥類はこうして，物体をつかむ機能を失った前肢の代わりに，クチバシを巧みに使うように進化したのだ．

クチバシの獲得に伴い，鳥類ではグランドリー小体という独自の触覚受容器が発達している．また，クチバシができた代わりに歯は完全に失われた．顎の感覚器や歯には三叉神経が入っているので，これほどの形態変化が起きたからには，この神経には何らかの変化が生じているだろう．また，他の系統にはできないような上顎の可動をなすためには，神経回路に何らかの改変が生じる必要がある．ではどのような変化が生じたのだろうか？　実のところ詳しいことはわかっていないのだが，形態学的に興味深い特徴がいくつかある（図 9.8）．まず，顎を支配している三叉神経では，三叉神経節の中にある細胞の配置が大きく変わっている．他の脊椎動物では三叉神経の上顎枝，下顎枝の細胞体は神経節内でまとまって存在しているのに対し，鳥類ではそれらの細胞体が混在しているのだ．それらが入力する三叉神経主感覚核においても，他の脊椎動物とは異なる配置になっている (Rhinn *et al*., 2013)．しかも，その神経核が哺乳類ではロンボメア 2/3 から発生するのに対し，鳥類ではロンボメア 1 から発生する．これらの違いがクチバシの機能とどのように関係しているのかはまだわからないが，末梢神経の形態と脳の神経核の発生様式がいずれも祖先の形態から変化していることは間違いない．また先述のように，三叉神経主感覚核からはダイレクトに終脳につながる回路ができ，その目的地である basorostralis 核では，鳥類のクチバシや翼などの体の位置に対応するように神経が配置されており，哺乳類の体性感覚野で見られるような「感覚地図」が作られている（図 8.8）．これは他の脊椎動物には見られないものであり，顎領域の改変と関係している可能性がある．

10 脳進化の極致へ

10.1 哺乳類の黎明

哺乳類は，羊膜類の中でも単弓類に由来する系統である．単弓類と竜弓類は石炭紀頃に枝分かれした（図 9.1）．それから彼らは，竜弓類とは異なる形質を進化させていく．たとえば竜弓類の歯が概して同じ形（同型歯性）であるのに対し，単弓類の系統では歯の形が口の部位によって，門歯，犬歯，臼歯などに分化している（図 9.3）．これを異形歯性という．ただし，イルカ類の歯は二次的に同型歯性になっている．また，アリクイ類などでは歯が退化している．単弓類からはディメトロドンに代表される盤竜類や，トリナクソドンに代表されるキノドン類が生じ，さらにモルガヌコドンに代表される哺乳形類という系統から哺乳類が生じたとされる（Rowe *et al.*, 2011）．最初の哺乳類が出現したのは三畳紀頃といわれている．これらの系統のうち，卵を産むという面白い特徴をもつ単孔類（カモノハシやハリモグラ）は，三畳紀頃，つまりかなり初期の段階で枝分かれしたらしい．その後，有袋類と有胎盤類はジュラ紀の頃に枝分かれしたようだ（図9.1）．これらの系統は，先立って起きた壊滅的な大量絶滅を生き延びた一派である．生き延びられた要因として，哺乳類が横隔膜をもっていたことが挙げられる．現生哺乳類が全て横隔膜をもっており，また哺乳類の祖先にあたるキノドン類において横隔膜を張るための前提条件である腹部肋骨の退化が見られることから考えると，この時期の哺乳類も横隔膜を備えていた可能性はある．こうして呼吸の効率が上がり，高い代謝能力を備えた哺乳類であったが，残念なことにその頃の地球の陸上環境は，主竜類の恐竜類が適応放散を始めていた．哺乳類は結局，鳥類以外の恐竜が滅びるまで，地上の覇権を握ることはなかった．ただし，哺乳類の種類数や個体数は白亜紀末までにかなりのレベルに達していたようだ．それは，彼らが夜行性の生態を選択したことと関係しているとされる．哺乳類は顎の骨の一部を耳の骨に変えることで聴覚を発達させ，さらに洞毛などの触覚装置によって体性感覚を，そして嗅上皮の拡大によって嗅覚を発達させた（図9.3）．つまり視覚以外の感覚を改変し，それらから得られた情報を統合することで，恐竜類とは異なる生態的地位を手にしたのである．

10.2 現代の哺乳類

現生の哺乳類は，大きく単孔類，有袋類，真獣類に分けられ，真獣類はさらに異節類，アフリカ獣類，ローラシア獣類，そして真主齧類に分けられる．現在の地球では種数こそ鳥類や爬虫類に及ばないものの，その形態や生理機能の多様さには目を見張るものがある．体のサイズを例にすると，重さ数グラムのもの（小型の翼手類）から100トンを越えるもの（クジラ類）まで，様々なサイズや生理機能を備えた種を含む．これまでに報告された中で最大の動物は現生のシロナガスクジラであり，長さでは恐竜に一歩譲るが，体重は最大の恐竜よりもはるかに重い．一般的な哺乳類の特徴は，四足歩行をし，多くの種が保育行動をすることであるが，例外も多い．哺乳類の多くは代謝が高く活動的であるため，こうした生態を可能にするためには，それにふさわしい神経系が必要となる．それでは哺乳類はどのような脳進化戦略を採用したのだろうか？　哺乳類が地球上の様々な環境に適応して様々な形態に進化できたということは，脳の側でも過激な形態変化に対する「対策」がなされたことがうかがわれる．他に類を見ない哺乳類での形態変化の裏では，脳にもさぞかし過激な変化が生じているのではないか？　そのとおりだ．哺乳類は驚くべき脳進化を成し遂げている．そしてそれは，爬虫類（恐竜）という強力な競争相手がいたからこそ生じたともいえる．爬虫類がいなかったとしたら，哺乳類の脳が現在見られるような高度な発展をしたかどうかは疑問である．では，哺乳類の脳では一体何が起こったのか？　それについて，まずは感覚系から見ていこう．

嗅　覚

哺乳類は嗅覚に強いこだわりをもっていたようだ．偶蹄類などの種では，嗅上皮がある場所に薄い骨によってできた複雑な迷路のような構造（腹鼻甲介）があり，嗅上皮の表面積が著しく拡大している．そしてそこには多くの嗅神経がある．嗅神経はそれ自身が匂いを検知する感覚細胞を兼ねていて，細胞から出る突起の上に嗅覚受容タンパク質がある．哺乳類ではこのタンパク質の種類が他の系統に比べてとても多い（Niimura, 2012）．つまり哺乳類の系統では，嗅覚受容タンパク質の遺伝子を増やすような進化が起きたと考えられる．ちなみに，アフリカツメガエルは例外的に哺乳類に匹敵

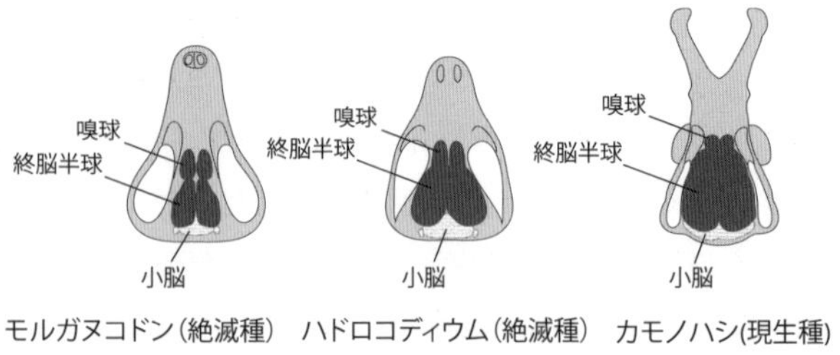

図 **10.1**　初期哺乳類の脳
Luo *et al*. (2001) を改変.

する数の嗅覚受容体遺伝子をもっているが，その理由や仕組みは不明である．哺乳類に話を戻すと，彼らは嗅神経の軸索が入力する嗅球がとても大きく発達している．哺乳形類のモルガヌコドンやハドロコディウムでは嗅球が大きいことから，哺乳類進化の初期の段階から嗅覚系の発達が始まっていたようだ（**図 10.1**）．嗅球には主嗅球と副嗅球があり，主嗅球では様々な匂い情報が特定の場所に入力するようになっている．そこから匂いの情報は特定の神経路によって終脳半球に運ばれている．その場所が嗅結節や梨状葉であり，これらの嗅覚に関する場所は，嗅溝という仕切りで新皮質と隔てられている．この一般的な匂い情報を処理する神経回路を主嗅覚系と呼ぶ．哺乳類は嗅覚に頼って生きているので，敵の匂いによって恐怖行動が誘発される．そうした行動の誘発にかかわる場所が嗅球内に見いだされており，ここが破壊されたマウスでは，捕食者の尿の匂いを嗅いでも恐怖行動が誘発されなくなる（Kobayakawa, *et al*., 2007）．加えて，哺乳類では副嗅覚系もよく発達する傾向がある．哺乳類はこの経路の感覚器かつ神経である鋤鼻神経で種間コミュニケーションにかかわるフェロモンの情報を受ける．鋤鼻神経上に存在する受容体タンパク質には V1 型と V2 型の 2 グループがあり，前者は主に空気中を漂う小分子を検出し，後者は水溶性の分子を検出する．V1 と V2 は系統ごとに比率が違う．すなわち，爬虫類のトカゲでは V2 型の受容体が多く，哺乳類では逆に V1 型が多い (Striedter & Northcutt, 2020)．鋤鼻神経は副嗅球に入力し（図 8.4 に両生類の例を示す)，主嗅覚系と異なる経路を通って扁桃体や視床下部に情報が伝えられる．

体性感覚

哺乳類にとって体性感覚，その中でも触覚は極めて重要な感覚である．多くの種は体毛がある．体毛は防寒着としてとても有用であるが，毛の一本一本は感覚器としてもはたらく．したがってフサフサの毛に覆われた哺乳類の皮膚は，とても優れた感覚装置と化す．それに加え，多くの哺乳類の顔面には洞毛という感覚毛があり，彼らはこれで周囲の状況を探っている．洞毛は根元に空洞があり，ここに血管や神経が入っていて，機械刺激を高感度で検出できる感覚装置になっている．海牛類のマナティーではこの特殊な毛が体中にある（**図 10.2**）(Reep *et al.*, 2001)．こうした感覚毛の発達も，おそらく哺乳類の初期の進化と関係があるだろう．すなわち，夜行性の生態において，触覚がとても有用であったため，体性感覚系が発達したのである．ちょっと変わったところでは，単孔類のカモノハシのクチバシには電気受容器がある (Pettigrew *et al.*, 1998)．電気受容は魚類ではお馴染みであるが，カモノハシのそれは魚類とは似て異なるものである．魚類の電気感覚が側線神経によって担われているのに対し，カモノハシの場合は三叉神経によって支配されているのだ．

体幹部の体性感覚は脊髄神経によって集められ，菱脳の楔状核と薄束核へと運ばれる．頭部の体性感覚は三叉神経によって，同じ

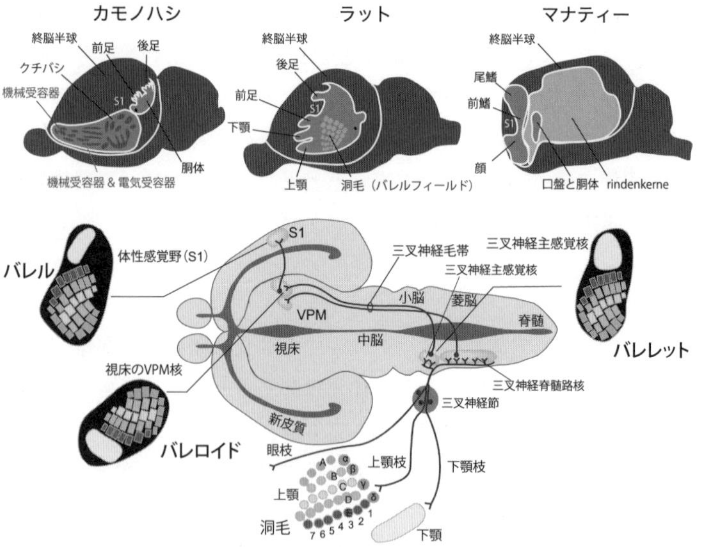

図 10.2　体性感覚系の地図

マナティーの終脳では，体性感覚野に加えて，それ以外の広大な部分にも感覚毛の情報を受ける領域（rindenkerne：皮質核）が存在する．Rhinn *et al*. (2013) を改変．
→ 口絵 2

く菱脳の三叉神経主感覚核と三叉神経脊髄路核に運ばれる．興味深いことに，これらの神経核では，神経細胞の配置と体を構成する特定の部位が一対一の対応をして再現されている．これをソマトトピー（体部位再現）という．体の各部位が神経細胞によってまるで地図のように再現されていることから，体性感覚地図（ソマトトピックマップ）とも呼ばれる．菱脳以降の中継核がある間脳視床の VPL/VPM 核や，最終目的地である終脳の一次体性感覚野 (S1) でも，ソマトトピーが維持されている（図 10.2）(Erzurumlu *et al*., 2010)．マウスの洞毛の場合，それぞれの神経核にあるソマトトピーは，菱脳のものがバレレット，視床のものがバレロイド，

S1のものがバレルと呼ばれる.

聴　覚

哺乳類の祖先は夜の環境に適応していくうちに，真っ暗闇でも使える感覚として聴覚系を発達させた．我々が耳と聞いてすぐに思い浮かべる部分は耳介（メガネを装着する際に使用するやつ）であり，これは哺乳類がもつ特徴であって，周囲の音を効率良くキャッチすることができる．多くの種では可動式の耳介をもっていて，周囲の音情報を集めやすくなっている．耳介から鼓膜に至る部分は，外耳と呼ばれている．外耳の奥には中耳がある．ここには耳小骨という音を伝える骨がある．哺乳類以外の羊膜類では，耳小骨は1つ（耳小柱）だけであるが，先述のように，哺乳類では他の系統で顎の骨になっている骨が耳小骨に加えられ，合計3つになっているため，これらの骨を音が伝わる間に振動が増幅される．また，この構造により，哺乳類は他の羊膜類に比べ，より高い音を聴くことができるようになっている．この特性は齧歯類，コウモリ類，そしてクジラ類での超音波による高性能なコミュニケーション能力に結実していく．耳の最奥にある内耳についても，哺乳類の進化の過程で大きな変化が見られる．音を聴く装置であるコルチ器を備えた蝸牛管は，初期の哺乳形類や単孔類では湾曲した短い棒のような形をしているが，有袋類や有胎盤類ではそれがどんどん長くなって，その名のとおりカタツムリの殻のようなうずまき型になっていく．蝸牛管が長くなるとそれだけ感知できる周波数の幅が広がり，同時に周波数の分解能も上がる．つまり聴覚性能の向上につながる．

哺乳類の聴覚系の発達を示す兆候は脳においても顕著である．蝸牛神経核は，竜弓類が2つの亜核に分化していたのに対し，3つの亜核に分かれている．すなわち，蝸牛神経前腹側核，後腹側核，背側核である（Striedter & Northcutt, 2020）．これらの神経核では，神経細胞が音の周波数に対応して配置されている．これをトノトピー（音部位再現）という．先述のソマトトピーの聴覚版である．竜弓類で2つ，哺乳類で3つの蝸牛神経核の相同関係については，残念ながらよくわかっていない．ノースカットらは両者に明確な対応関係が見られないことから，竜弓類と哺乳類はそれぞれが大気中の音を聴く能力を発達させていく過程で，独自に蝸牛神経の亜核を発達させたと考えている（Striedter & Northcutt, 2020）．哺乳類には聴覚系の重要な中継核として上オリーブ複合体があるが，これは哺乳類の系統で独自に獲得されたらしい．

視　覚

哺乳類の祖先にあたる系統では，競争相手である竜弓類に比べると，視覚はそれほど発達していない．たとえば頭骨に占める眼窩の割合がそれほど高くないし，後で述べるように色覚を感知する錐体の種類も少ない．しかしこれは，哺乳類の視覚が貧相であるというより，むしろ夜行性の生態に対応して，夜でもよく見えるような視覚を進化させたということであろう．その証拠に哺乳類の網膜では桿体の数が多くなっている．桿体とは網膜に存在する光受容細胞で，ロドプシンという光受容タンパク質をもち，色を識別することはできないが，明暗を見分ける能力に長けている．対して錐体は色の識別はできるが弱い光の下ではたらくことができない．つまり哺乳類では，色を見るための網膜から，夜でも対象物がよく見える網膜へと進化したことを物語っている．そのトレードオフとして，哺乳類の齧歯類には色を感知する錐体が2種類しかない．それらのうち片方は短波長の光を検出する受容体タンパク質を発現し，もう片方が長波長の光を検出する受容体を発現している（Davis *et al*.,

2012)．一方，竜弓類や魚類には4種類の光受容体タンパク質があり，それらを備えた4種類の錐体がある．それに加え，錐体に光フィルターとしてはたらく油滴が内包されていたりする．当然，色を見分ける能力は竜弓類の方が優れている．ただし，昼行性の哺乳類では色覚を再び進化させており，ヒトでは長波長を検出する受容体が遺伝子重複により2つに増え，結果として3種類の錐体を「再獲得」している．

10.3 現生哺乳類の脳

哺乳形類から派生した哺乳類が進化していく過程で，彼らは終脳と小脳にステータスを振ってきたようだ．しかもとんでもないレベルでそれらを巨大化させてきたのである．多くの哺乳類の脳を横から観察すると，半分以上を終脳が占める．まさに「大脳」だ．そして脳の残りの多くの部分が小脳である．それ以外の部分は小脳の後ろに橋，延髄がオマケのように出ているといった具合である．終脳と小脳は種によっては発達した脳回によってシワシワの構造をしており，まさに「終脳と小脳のバケモノ」とでも言いたくなる形態をしている．筆者の偏見かもしれないが，あまりいい見た目とは思えない．たとえば，筆者が道を歩いているとき，傍らにナマズやワニの脳が落ちていたら「何か格好いいものがあるよ」と思い，持ち帰るかもしれないが，哺乳類の脳が落ちていたら「うわキモっ」と思って足早にその場を立ち去るであろう（いや，やはり後で取りに戻るかもしれない）．しかしそうした醜い物体こそが，驚嘆すべき能力を備えた脳進化の極致であることはいささか皮肉めいていて滑稽である．

小　脳

哺乳類の菱脳については感覚のところで先ほど触れたので，小脳から見ていくことにしよう．哺乳類は小脳がとてもよく発達している（図 6.6，図 6.7）．哺乳類と鳥類でこのように小脳が大型化したのは，小脳の発生過程の後期において顆粒細胞を大量に産生する外顆粒層が発達したためとする説がある（第 7 章参照）．

哺乳類の小脳では，小脳内部の構造は他の系統と同じであるが，終脳からの情報を受け取る半球部分のサイズが大きい．その傾向は霊長類で著しく，これらの種では，終脳からの情報を中継して半球に伝える橋核が大きくなるとともに，小脳の情報出力にかかわる 4 つの小脳核のうち半球部分の情報出力にかかわる歯状核もとても大きくなって，狭いスペースに押し込められたせいかグニャグニャと湾曲した構造を呈する．さらに，そこからの情報を受け取る中脳の赤核も大きくなっている．このように哺乳類では橋核を介する小脳と終脳のループが強化され，運動機能や知覚機能に関与していると考えられている．

中　脳

哺乳類の中脳では，他の脊椎動物のグループと同様の構造が見られ，調べられている限りでは，遺伝子の発現様式なども共通している．哺乳類では，視蓋と半円堤に相同な場所がそれぞれ上丘と下丘である（**図 10.3**）．これらは左右に 1 対ずつあり，合わせて四丘体と呼ばれる．ちなみにヒトは直立しているので上丘・下丘であるが，一般的に哺乳類は四足歩行のため，獣医学分野では前丘・後丘と呼ばれている．一般的な哺乳類では，上丘の表層部は視覚入力の処理にあてられているが，IV 層（中間灰白層）には感覚系や運動系に関する領域が存在する．ここは，目や頭の動きに合わせて定位

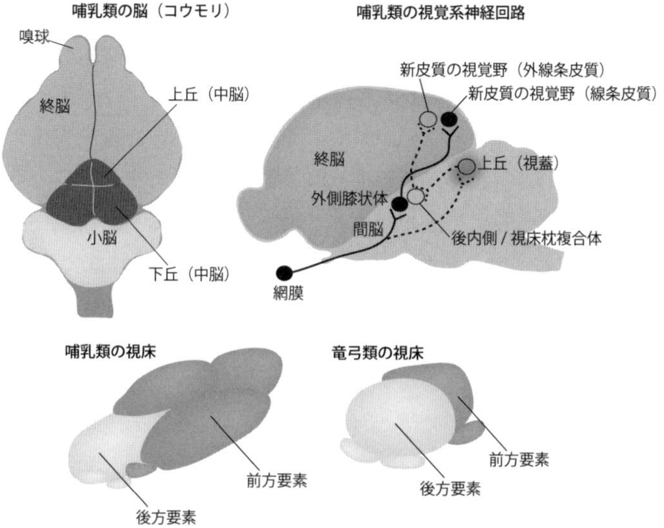

図 10.3　哺乳類の脳と視覚系神経回路
視床の図は Butler & Hodos (2005) を改変.

したり，手がかりとなる感覚（視覚，聴覚など）をもとに運動を起こしたりすることにかかわる．我々が対象物を注視するときは高速で動いて対象物をスキャンしており，この随意的な眼球運動はサッケード（急速眼球運動）と呼ばれている．

多くの脊椎動物の中脳では上丘と相同な視蓋が大きく発達し，視覚系をはじめとする様々な感覚中枢として脳の中でも中心的な役割を担っているのに対し，哺乳類の上丘のサイズは控えめである．これには哺乳類が夜行性になり，視覚系への依存度が低下したことが関係しているとされる．実際に化石の記録から見ても，哺乳形類の中脳はそれほど発達していない (Rowe *et al*., 2011)．ただし，哺乳類の視覚系は，中脳を介する経路よりも間脳の外側膝状体を介して終脳の視覚野に至る経路が発達する傾向があるため，哺乳類の進化ではこちらの経路の発達が促されたために，上丘が控えめになったと考える方が妥当かもしれない（図 10.3）．そして，哺乳類の上丘は眼球運動などに主にかかわることになったのだろう．一方，他系統よりも聴覚が発達する傾向のある哺乳類では，下丘が肥大化する傾向が見られる．上丘が小さいせいでもあろうが，下丘は脳の外からでもはっきり見え，脳のコウモリ類やクジラ類など，聴覚を主要な情報源にしている系統ではよく発達している（図 10.3）．哺乳類の中脳の腹側には終脳皮質からの下行性線維の束である大脳脚がある（図 5.6）．これは，終脳が著しく発達する哺乳類にのみ見られる特徴である．

間　脳

哺乳類の間脳において，他の系統と比べて最も大きく違う点は，驚愕すべきレベルで視床が発達していることだ（図 10.3）．そこには多くの神経核がぎっしりと詰まっていて，もはや両生類とは比べるべくもないし，爬虫類の視床とも大きく異なっている．かろうじて鳥類が哺乳類に近いレベルの発達を示しているといった具合である．羊膜類の視床には役割分担があり，後方にある神経核群が視蓋からの入力を受けているようだ．そしてこれらの神経核は竜弓類では主に DVR に接続している．この部分は哺乳類ではそれほど発達しておらず，哺乳類の視蓋すなわち上丘がそれほど発達していないことと対応している．ただし，霊長類では視床の後方にある視床枕が著しく発達するという特徴がある．ここはヘビを怖れることにかかわる神経細胞（ニューロン）があるなど，極めて興味深い場所である (Van Le *et al*., 2013)．一般的に，哺乳類では視床の前方にある神経核群がとてもよく発達しており，ここには外側膝状体という，網膜から直接（視蓋を介さずに）くる視覚系の神経核や，終脳と相互に連絡し合う神経核が多くある（図 10.3）．哺乳類の特徴として，終脳の新皮質と視床とで相互に情報を送り合うループができあがり，行動のコントロールに使われるようになった．これに似た経路は竜弓類にもあるようだが，その規模は小さい．

10.4　哺乳類の終脳中枢

哺乳類が行う複雑な学習や社会性は，終脳と小脳のはたらきによるところが大きい．特に，終脳にある新皮質は哺乳類特有の構造であり，感覚情報を集めて分析し，適切な運動を指令する（**図 10.4**）．実際の運動についても，我々は手の指を繊細に動かすことができるが，その指令は大脳新皮質から皮質脊髄路という経路によって直接脊髄の運動ニューロンに伝えられる．つまり，哺乳類の進化の過程で新皮質を作る機構が整備されたことが，後の繁栄を導いたといっても過言ではない．

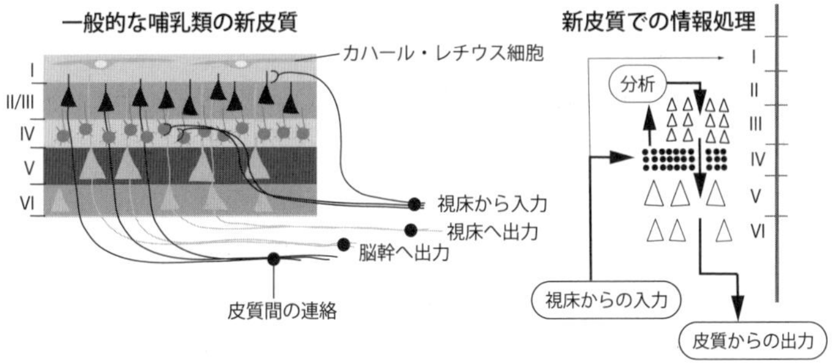

図 10.4　哺乳類の新皮質

10.5　化石哺乳類

エンドキャスト解析によって哺乳形類の脳を調べた研究によると，初期の単弓類の一系統である獣弓類の脳は，全体的に縦に細長く，爬虫類の脳に似たような形をしているが，哺乳形類のモルガヌコドン類になると，脳が横方向に肥大し，終脳は小脳よりも幅広くなる (Rowe *et al*., 2011)．小脳についても側方部が張り出し，さらに背側方向にも拡大して，現生の哺乳類に似た形となっている（図10.1）．つまり哺乳形類の段階ではすでに脳を大きくする選択圧がかかっていたらしい．これらの動物で脳が発達した理由としては，嗅上皮が拡大したことで多数の嗅神経が配置され，その投射先である嗅球と大脳半球が拡大したことや，全身に体毛が生えたために皮膚感覚を伝える神経が増え，その受け取り先である小脳や終脳が大きくなったことが挙げられる (Rowe *et al*., 2011)．これらの動物に新皮質があったかどうかは非常に興味深い問題である．通常，新皮質と古皮質の境界は嗅溝という形態学的ランドマークで判別できるが，モルガヌコドンの化石からは嗅溝が確認できないため，新皮質の進化的痕跡を追跡することはとても難しい．

10.6 新皮質

哺乳類では新皮質が著しく発展するため，その脳進化の傾向は「新皮質化 (corticalization)」と呼ばれることもある．新皮質は霊長類で最大限に発達し，人間のもつ高度な知性の源となる．たとえば筆者はフランスのストラスブールという風光明媚な地でポスドクとして研究生活をしていたのだが，その生活がやや落ち着いた頃，ショッピングモールでプラスドライバーを買って外に出ると，人々が走って逃げてくるのに遭遇した．まるでゴジラ映画のワンシーンのように，何十人もの人々が目の前を走って逃げていくのである．この群衆は一体何から逃げてきたのか？　興味をもった筆者は逃げる人の流れに逆らい，その源に向けて歩いていった．やがて，逃げゆく人々の起点とおぼしき場所につくと，そこには数人の警官がいた．今から思えば少し過激なデモがあり，それを鎮圧していたのであろう．警官の周囲の何カ所かには白い煙がもくもくと上がっていた．彼らが放った催涙弾の白煙であった．私のすぐ傍でも催涙弾の煙が上がり，運悪くその煙が目に入ってしまい，その日は夜中くらいまで目がヒリヒリと痛んだ．筆者の終脳はこのとき，「逃走する群衆の源を辿ってはならぬ」ということを学習したのである．

哺乳類の新皮質の特徴は，何といっても「層構造」をなしていることだ．神経細胞が地層のように縦にきれいに配列し，バウムクーヘンのようになっているのである（図 10.4）．ほとんどの哺乳類の新皮質は 6 層の構造をもつ．

6 層からなる新皮質の I 層にはカハール・レチウス細胞（CR 細胞）と呼ばれる特殊な細胞があり，発生期に層構造の構築に重要な役割を果たす．IV 層は内顆粒層と呼ばれ，小さな顆粒細胞からなる．I 層と IV 層は視床からの入力を受けている．いわば新皮質への入口である．II/III 層は比較的小さな細胞体をもつニューロンから構成されており，これらのニューロンは他の大脳皮質の領域に線維を出している．左右の大脳半球を連絡する脳梁は II/III 層のニューロンの軸索によって構成されていることから，II/III 層が実質的に新皮質の機能の中核を担っている．V/VI 層のニューロンは特徴的な錐体型の細胞体をもっており，II/III 層のニューロンから情報を得て，軸索を大脳の外に出力している．V 層のニューロンは脳幹および脊髄と連絡しており，VI 層のニューロンは視床に軸索を出している．つまり，IV 層と I 層は入力特化，II/III 層は情報処理特化，V/VI 層は情報処理特化の層構成といえる．この秩序立った構成は大変有効であったらしく，哺乳類の系統の中で高度に保存されている．単孔類のカモノハシや，有袋類の新皮質も同様の構造になっていることから，相当強い淘汰圧がかかっていると思われる．

10.7 層構造

脊椎動物の脳では，情報を集めて処理を行う，いわゆる中枢という場所に，神経細胞が地層のように積み重なった層構造が生じる場合が多い．神経細胞の間に神経線維の束が規則的に入ることで，細胞と線維によって層が構築されている場合もある．こうした層構造が最も顕著なのは中脳の視蓋であろう（図5.6）．小脳にも分子層・プルキンエ細胞層・顆粒細胞層（顆粒層）が見られるし（図6.7），キンギョの菱脳の迷走葉にも明瞭な層構造がある．眼の網膜にある明瞭な層構造についても，網膜は脳の一部（発生期に間脳の一部が左右に伸び出したもの）であるため，脳の層構造の一つと考えてよいだろう．そして，我々哺乳類の新皮質にも6層構造がある．こうして見ると，層構造は必要とあらば終脳・間脳・中脳・小脳・菱脳のどこにでも，まるでヒメアカタテハのように登場する存在である．日本で普通に見られるこのチョウを，筆者は日本を遠く離れたフランスの地で，巨大かつ美しいテイオウギンヤンマを追っている最中に見かけ，「お前はこんな所にもいるのか」と思ったことがある．

このように，情報処理を行うべき場所に層構造が見られる理由として，神経細胞が雑多に配置しているよりも，特定の機能をもつ細胞を層状に配置することで演算能力が上がるため，と説明される場合が多い．実際に新皮質や視蓋では，特定の役割を担う神経細胞が特定の層に配置されている．このような構造をとっていれば，脳機能のさらなる向上を目指すとき，そのシート状構造を2次元的に広げていけばよいので効率的である．

しかし，これにあてはまらない例もいくつかある．たとえば真骨類のウツボ類では，夜間に活動する生態に伴い，嗅覚が著しく発達している．そのため彼らの嗅球はとても大きくなっている（山本，2018）．名古屋大学の山本直之博士によると，ウツボの嗅球では層構造が二次的に退化しているという．つまり，本来嗅球には僧帽細胞層，顆粒細胞層などの層構造があるのだが，それが失われているのだ．嗅覚の発達した種の嗅球で層構造が失われているのはなぜか？　何かの適応的な理由があるのかもしれないが，今のところはよくわかっていない．また，多くの鳥類の終脳でも層構造が見られない（図 9.6）．鳥類を生み出した系統である主竜類やその姉妹群のカメ類，鱗竜類の終脳には，哺乳類の新皮質に相同とされる背側皮質があり，そこには 3 層の構造が見られるので，鳥類の祖先の終脳背側部が層構造をもっていたのは間違いないだろう．したがって，鳥類では進化の過程で終脳の層が二次的に失われたようだ．しかしながら，鳥類の終脳は極めてよく発達しており，カラス類などは哺乳類に勝るとも劣らない複雑な行動を見せる．したがって，これも脳機能の発達が層構造の獲得と相関していない興味深い例である．ただし，竜弓類のところで述べたように，鳥類の終脳も広い視野で見れば層構造に似た構成をしており，鳥類の終脳の背側部では *Pax*6 や *Emx*1，*Tbr*1 などの遺伝子が哺乳類と同様のパターンで発現している．そして興味深いことに，哺乳類の新皮質で見られるものとよく似た神経接続様式が，鳥の終脳に見られるのである（**図 10.5**）（Jarvis *et al*., 2013）．哺乳類では視床からの入力が IV 層に入り，視床や脳幹への出力は V/VI 層から出る（図 10.4）．鳥類の場合，視床の視覚領域からの入力は内外套に入るが，ここには哺乳類の IV 層に特異的に発現する遺伝子（*Eag*2，*Rorβ* など）が発現しているのである．また，中脳や脳幹に出力する高外套でも，V 層特異的な遺伝子（*Citp*2，*Er*81，*Fezf*2 など）が発現することがわかっている (Dugas-Ford *et al*., 2012)．このように，層構造をもた

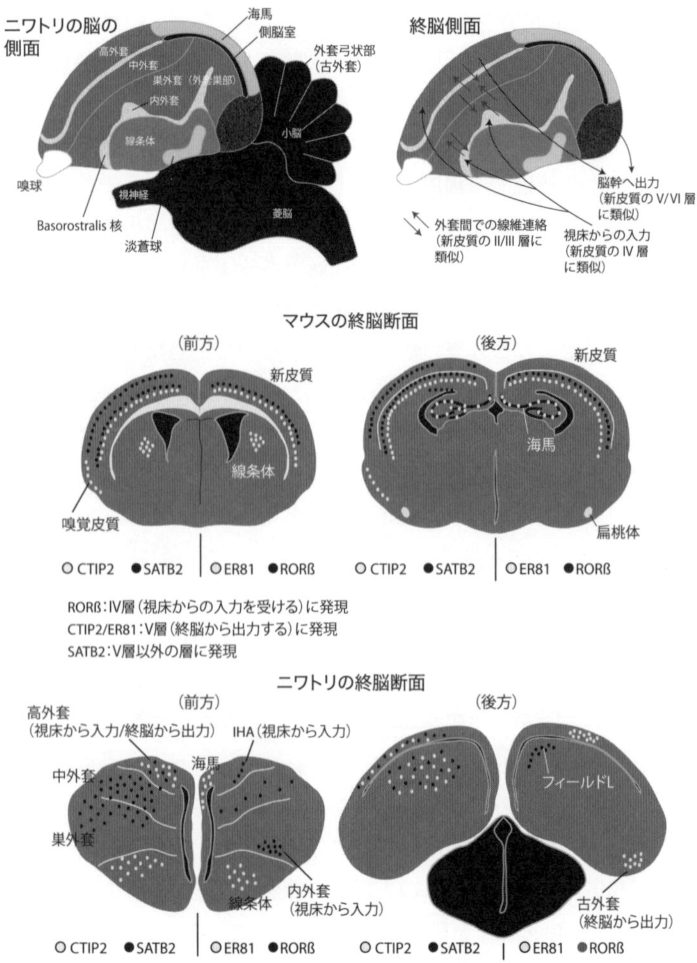

図 10.5　層構造とマーカー遺伝子

Jarvis *et al*. (2013), Nomura *et al*. (2014) を改変.

ない鳥類でも，入力・出力にかかわる場所が，哺乳類と共通の発生機構を使って構築されていることは極めて興味深い．ただし，遺伝子発現と神経連絡について，哺乳類と鳥類で対応しない部位もある．これらはそれぞれの系統で独自の改変がなされたためであろう．そしてそれぞれの系統において，脳の形は違えども，ともに高度な認知・行動様式が発展したのだ．

10.8 領　野

終脳半球の表面には，視床からの感覚情報を受ける場所として，体性感覚野，聴覚野，視覚野がある（**図 10.6**）．これら領野の並びは多くの哺乳類に共通であり，有袋類のオポッサムや単孔目のカモノハシにまで見られるので，これら領野の配置を決める仕組みは哺乳類の進化の過程で高度に保存されてきたといえる．ただ，運動出力にかかわる一次運動野は，有袋類や単孔類では不明瞭なので，初期の哺乳類にはなかった可能性がある．ただし，これに似た機能を担う場所はあっただろう．そして霊長類では前頭連合野が著しく発達し，思考や判断などの極めて高次な脳機能にかかわるようになる．

マウスではこうした領野の配置はいくつかの遺伝子が特徴的な発現勾配を形成することにより決定されることがわかっており，発生

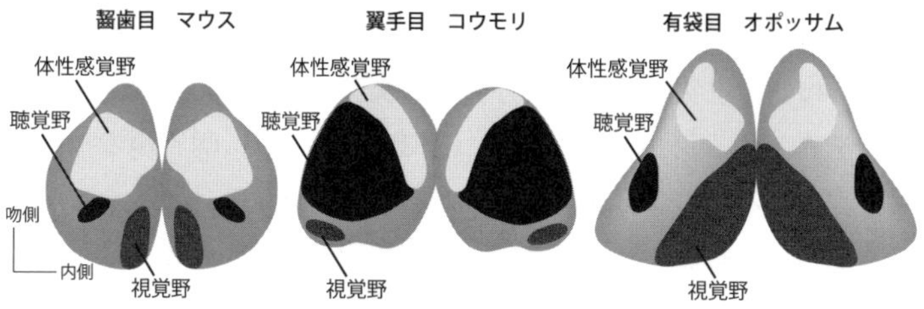

図 10.6　哺乳類の領野構造
Butler & Hodos (2005) を改変．

が進むにつれて，それぞれの領野の特性が決まってゆく．たとえば体性感覚野であれば，触覚や味覚の情報を受け入れ処理する特性が与えられる．これらの領野の相対的な位置関係は，*Pax*6，*Emx*，*CoupTF*-1，*Sp*8 が領域特異的に発現することによって制御されているようだ（O'Leary *et al.*, 2007）．これらの遺伝子の mRNA は特定の方向に対して勾配をもって発現しており，遺伝子が互いを抑制することで「体性感覚野はここ」，「運動野はここ」といった具合に領野のための場所決めがなされる．この過程において，*Ctip*1 という遺伝子は *Bhlhb*5 遺伝子を活性化することで体性感覚野としての性質を与え，*Lmo*4 遺伝子を抑制することで運動野としての性質を抑える（Greig *et al.*, 2016）．また，*Fgf*8 や *Bmp* などのシグナル分子も領野の形成に重要な役割を果たすらしい．たとえば，下郡らの実験では，マウス胚（E11.5）で FGF8 タンパク質を過剰発現すると，体性感覚野のバレル構造（図 10.2）が後方にずれ，そのサイズも小さくなる．一方，FGF8 タンパク質の活性を阻害する作用をもつ改変受容体を注入すると，バレル構造が前方にずれる（Fukuchi-Shimogori & Grove, 2001）．

10.9 終脳の交連繊維

左右の終脳半球を行き来する軸索束（交連）には，円口類のところ（5.9 節）で述べた前交連（哺乳類では前方に嗅覚系の線維が，後方には側頭皮質，扁桃体，分界条の交叉線維が入る）や，左右の海馬を連絡する海馬交連がある（**図 10.7**）．さらに哺乳類では，脳梁と呼ばれる巨大な交連線維の束がある．脳梁は哺乳類，その中でも真獣類（有胎盤類）に特有で，有袋類や単孔類の動物には見られない．ただしこれらの動物では，有胎盤類の脳梁に対応する（新皮質間を連絡する）線維が前交連に入っている．

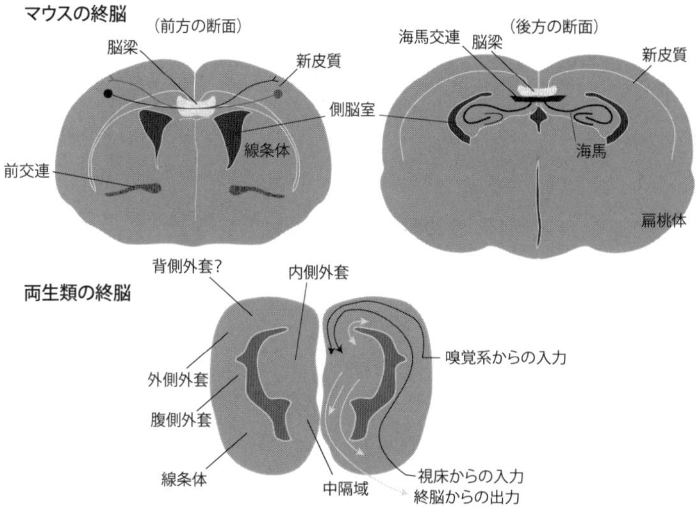

図 10.7　終脳の交連と両生類の海馬

両生類の模式図は Striedter & Northcutt (2020) を改変.

10.10 海　馬

無羊膜類では，内側外套（海馬がある場所）が嗅球や嗅覚皮質からの入力を受けるとともに，視床から様々な入力も受けている．そして，外套下部の中隔域や基底核，間脳に出力している（図 10.7）(Roth *et al*., 2007)．これは我々の新皮質が視床から入力を受け，終脳外へ出力している様式とよく似ている．もしかしたら，内側外套を中心にした無羊膜類の神経回路が脊椎動物の終脳情報処理の基盤のようなものであり，哺乳類ではこの仕組みをミミックしたものを新皮質に担わせることで，これまでにないレベルでの情報処理が可能になったのかもしれない．

⑪

再び海へ

11.1 水性になった羊膜類

陸上生活に適応するように進化を遂げた羊膜類の中には，再び水中生活に戻ったグループがいくつかある．カバやアシカのように水と陸とを行き来するものや，ワニのように基本的な生活空間は水中としながらも，昼間には陸上で寝そべっているようなものもいる．そして，中には完全に水中生活に戻った系統がいる．ただしそれは一握りのグループだ．陸上で進化した羊膜類にとって，魚類や両生類のように水中を生涯の生活圏にすることは困難なのである．呼吸の問題があるし，繁殖の問題もある．そうした困難を克服し，完全なる海洋生活者となったグループは，現生種では哺乳類（クジラ類と海牛類）と鱗竜類（ウミヘビ類）にのみ存在する．このうちウミヘビ類は，筆者の知る限りではセグロウミヘビのみが陸地から完全に独立して生活できる．読者の中には，ウミガメやペンギンも海洋生活者ではないかという人もいるかもしれない．たしかに彼らは生涯の多くの時間を海中で過ごす．だが，繁殖の際には陸上に戻らなければならない．夏の夜になるとウミガメは重い体を引きずって海から上がってきて，砂浜に穴を掘って産卵してまた哀愁を漂わせながら海へと戻っていく．ペンギンについては，コウテイペンギンは冬の南極で，太陽ものぼらない内地で，ブリザードの中，オスが卵を温める．とても気の毒である．どう考えても風雪吹きさらしの南極の大地より水中の方がマシな気がする．おそらく主竜類には，ど

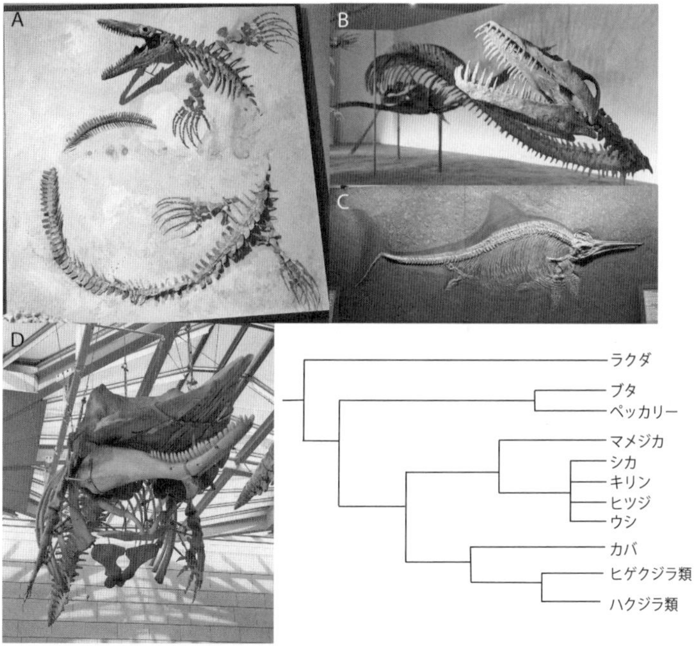

図 11.1　海生脊椎動物の骨格とクジラ偶蹄類の系統

A）モササウルス類，B）首長竜類（エラスモサウルス），C）魚竜類（イクチオサウルス），D）クジラ類（マッコウクジラ）．A～C はウィーン自然史博物館，D は大阪市立自然史博物館所蔵の標本を撮影．系統図は Niakido *et al*.(1999) を改変．

うしても卵を産まなければならないとか，繁殖に関する大きな制約があって，哺乳類のように体内で胎児を体内で育てられないのであろう．これに対し鱗竜類では，現生種でも体内で卵を孵して子供を産む，卵胎生の種が数多くいる．身近なところでは毒蛇のマムシがそうだ．かつての海洋にはモササウルス類，首長竜類，魚竜類が繁栄していたが，いずれも鱗竜類の系統とされている（**図 11.1**）．主竜類はどうやら水中生活が苦手のようだ．恐竜が海に進出していないことも，それを裏づけているのかもしれない．

こうした海に戻ったグループのうち，現生の鱗竜類は一部のウミヘビのみがなんとかうまくやっている感じであるが，それに対して明らかに大成功を収めているのが哺乳類のクジラ類である．

11.2 クジラ類

クジラ類は海に戻ることに完全成功した羊膜類である．クジラのグループは 80 種ほどが知られており，ハクジラ類とヒゲクジラ類に分けられている．ハクジラ類のうち小型のものがイルカと呼ばれており，クジラとイルカに本質的な違いはない．クジラ類は現生哺乳類ではカバに近い系統であるという結果が得られている (Nikaido *et al.*, 1999)．すなわち，クジラ類はカバ類やウシ，ヒツジ，シカなどが属する偶蹄類に近縁なのだ（図 11.1）．そのため現在では「クジラ偶蹄類」という名称が使われており，クジラを完全に「偶蹄類」に入れる場合もある．

水族館などで行われているイルカショーや，テレビやインターネット等で紹介される野生のイルカやシャチの行動を見ると，彼らの行動の中には我々から見るとたしかに「知性」の存在を仄めかすものがある．かなり古い映画であるが，『オルカ』(1977) ではシャチが恐るべき知能で人間に復讐するさまが描かれていた．ちなみにこ

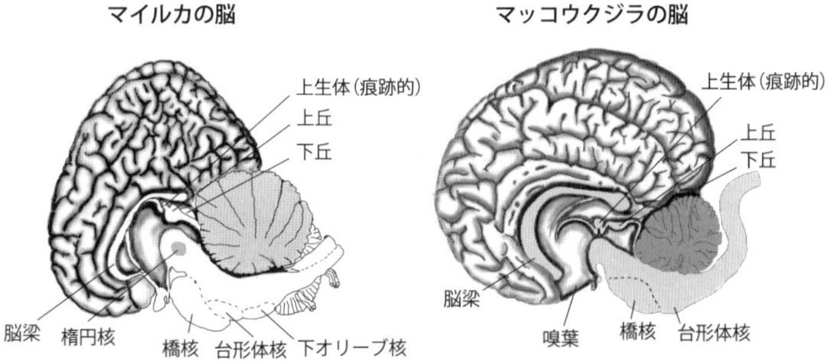

図 11.2　ハクジラ類の脳

マイルカの脳は Cozzi *et al*. (2017)，マッコウクジラの脳は Oelschlager & Kemp (1998) を改変.

れの小説版では，追いつ追われつしているうちに，敵同士であるシャチと人間との間に友情のような関係が生まれていた．まるで菊池寛の『恩讐の彼方に』を見ているようであった．このように，クジラ類は人々の興味の的となってきた．こうした複雑な行動を遂行するためには，当然ではあるがよく発達した脳が必要である．実際に，そのサイズだけでいえばクジラの脳はヒトの脳よりもはるかに大きい（**図 11.2**）．終脳の表面にある無数の皺は霊長類のそれよりもずっと多く，途方もなく広大な新皮質の存在を暗示している (Cozzi *et al*., 2017)．ただし，クジラ類はその巨体ゆえ，体重に対する脳の割合を見ると，ヒトのそれよりもかなり小さい（図 7.2）．とはいっても，クジラ類の脳，特に終脳と小脳は他の哺乳類と比べると著しく発達している．哺乳類の脳を系統ごとにざっと見渡すと，霊長類とクジラ類が特に際立っている．つまり，哺乳類の脳進化においては 2 つの頂点があり，一方は霊長類（そのさらに頂点としてヒト），そしてもう一方はクジラ類であるといえる．脳の発達においてクジラは，霊長類のライバルとなる存在なのである．この本の終盤に至り，クジラを取り上げるのは，そこに脊椎動物の脳進化の中で最も劇的な様相が現れているためだ．

11.3 クジラに見られる特殊化

クジラ類は我々ヒトと同じ哺乳類なので，定期的に水面に出て肺呼吸を行わねばならない．この効率を上げるため，クジラでは鼻孔が吻側から頭頂へ移行し，鼻はもはや嗅覚のためではなく，呼吸や発声のための特殊装置となった．これに関連して鼻道も大きく変化した．呼吸の際には急速に開き，潜る際には水が入らないように閉じられるようになり，音を作る用途にも使えるようになった．この大改造の過程で，クジラ類の頭頂骨を含む多くの構造は陸生哺乳類のそれとは大きく異なるものとなっており，この特殊化は「テレスコーピング現象」と呼ばれている (Cozzi *et al.*, 2017)．そうした水棲適応の過程で，クジラ類は嗅覚系や味覚系のほとんどを失ってしまった．ヒゲクジラでは嗅上皮や嗅球がわずかながら残存しているが，ハクジラ類ではそれらが完全にない．つまり終脳から嗅覚の要素が失われているのだ．そもそも終脳は嗅覚の情報処理の場として進化したのではなかったか？　ここにきて，終脳はその本来の役目を喪失し，全く別のものへと成り変わったのだ．また，クジラ類では耳（外耳）も大きく変わり，我々がもつ耳介は消失している．こうしたことは彼らの脳・神経系にも大きな影響を与えた．これから我々は，陸生であった種が再び水性に移行したとき，感覚系や脳に一体何が起こるのか？というテーマのもと，自然が行った破天荒な実験の結果を目の当たりにすることになる．

まず感覚系について見てみよう．我々は外界の情報を収集するための感覚器として主に視覚を用いている．空気はひどい霧や大気汚染の場合を除けば無色透明なので，遠くを見通すには視覚は大変有益で，水中でも同様である．そもそも多くの魚類は視覚を主要な感覚として使っているし，一度陸生になった後で再び水中生活に移行した魚竜などの羊膜類も，視覚を主要な感覚にしている．魚竜の化石では，強膜輪（眼球を外側から押さえつけるリング状の骨質構造）を備えた巨大な眼窩が見られる．ただ，海洋の多くの場所は透明度が高いけれども，気象条件によっては水中での視界は極めて悪くなる．深いところにいくと昼でも暗くなるだろう．河川になると水の濁る機会や場所が増え，視界はさらに悪くなるであろう．そのため，魚類のところ（第７章）で紹介したように，水中生活では視覚に加えて他の感覚が大変重要になる．そこで，水性動物の多くは，主要な感覚として視覚を用いつつも，他の感覚，すなわち嗅覚や側線感覚（機械感覚，電気感覚）を有効に活用している（図7.10）．

水中で生きる際に嗅覚が有利になることを示す状況証拠はいくつもある．たとえば，円口類のヌタウナギは光の届かない深い海の中で動物の死骸や弱った魚などを食べているが，その際には匂いに引き寄せられている．顎口類でもサメ類は嗅覚が大変優れていて，遠くにいても血の匂いを嗅ぎつけてやってくる．条鰭類のウナギやウツボ類は，日中は岩陰などに潜み，主に夜間に餌をとっているが，彼らもよく発達した嗅球を備えている．

もう一つ，水中で生きるために多くの水性脊椎動物が重宝している感覚が側線感覚である．側線系では機械感覚だけではなく電気も感知できるので，濁った水中であっても，自分がいる方角や敵の位置を察知することができる．つまり，視覚・嗅覚・側線感覚が，水中で生きる上で大変有用な感覚なのである．

では，クジラはどうだろうか？　まず視覚については残念ながらクジラが哺乳類であるという時点であまり当てにならない．哺乳類の視覚は他の羊膜類に比べると退化傾向にあるからだ．嗅覚については どうか？　残念ながらダメだ．クジラ類は匂いをほんのわずか検出するか，あるいは全く検出できない．これは，前述のようにクジラ類の鼻がもはや嗅覚器官ではなく，呼吸のためのガス交換のための器官（噴水孔）へと変化しているためである．クジラ類は呼吸システムの改変に伴うトレードオフとして，嗅覚を犠牲にしてしまったのだ．しかもさらに不幸なことに，クジラ類が羊膜類であることが災いし，彼らには側線神経さえもない．この優れた神経系は，彼らの祖先（羊膜類の共通祖先）が陸上生活に移行する段階ですでに失われているのである．その代わり，いくつかのクジラ類では側線神経のまがい物を作ることに成功しており，ギアナコビトイルカは吻部にある感覚器を使って，側線神経のような電気受容ができるようになっている (Czech-Damal *et al.*, 2012)．しかしそれを支配するのは三叉神経系である．つまり，これはあくまで収斂によるものであり，側線神経が再獲得されたわけではない．ちなみに三叉神経系が支配する電気受容は，単孔類のカモノハシでも独自に進化している（10.2 節参照）．このように，失われた側線神経の代替物を求める涙ぐましい試みは竜弓類側にも見られる．陸性から半水性に移行したワニ類では，顎に integumentary sensory organ と呼ばれる特殊な感覚器があり，水性ヘビのヒゲミズヘビは感覚器として機能する風変わりなヒゲをもっている (Catania, 2011)．これらも三叉神経に支配されている．三叉神経は，側線神経が消え失せてしまった羊膜類の頭部前方領域において，まるでブラック企業の社畜のように使い倒されている感がある．

これまでの話をまとめると，クジラ類は水中で生きるために有用な感覚系をもっていないことになる．では，クジラ類はいったいどうやって水中環境で生き長らえたのだろうか？　結論からいえば，クジラ類は哺乳類のもつ特性を最大限にまで活用したのである．哺乳類は進化の過程で夜行性の生態を獲得し，その間に視覚系以外の感覚を発達させてきた．たとえば嗅覚，体性感覚（触覚），そして聴覚である．特に哺乳類における聴覚の発達は著しい．優れた聴覚は哺乳類の特性の一つであり，コウモリなどはこれを改変して夜間でのエコーロケーション（反響定位）に利用することで夜の世界に適応してきた．

クジラは聴覚を駆使することで進化的に成功したといえる．聴覚（音波によるエコーロケーション）を主な感覚として使い，遠くの相手と交信したり，餌を効率良くとらえたりしているのだ．マッコウクジラ類は収束させた音波を武器として使い，エサであるイカをとらえるらしい．つまり哺乳類が音を効率良く使う方法を備えていたことが，クジラ類が海や川に適応できた秘訣ではないかと思われる．クジラ類の祖先は現生偶蹄類に近い種であり，それらは優れた視覚をもちつつ，さらに聴覚や嗅覚が鋭敏であったと考えられる．実際，現生の偶蹄類のうち，シカやブタを含むグループ（有蹄類）はよく動く耳介をもち，聴覚が優れた種が多い．優れた聴覚系をすでに備えていたクジラの祖先は，それをさらに発展させていったと考えられる．言い換えれば，陸生の有蹄類がもっていた聴覚系システムが，水棲適応のための前適応（外適応）になったのであろう．ただしその過程で耳介をはじめとする外耳の構造の多くが退化し，音は鼓膜ではなく，下顎の骨とその近傍にある脂肪組織で感知するようになった（Cozzi *et al*., 2017）．中耳についても他の哺乳類と同様に3つの耳小骨があるが，その形態を大きく変えている．一方で内耳は著しく発達した．

しかし，地上と水中では条件が大きく異なる．水中では音は地上よりもはるかに速く（4～5倍もの速さで）伝導するのである．つまり理論的には，コウモリが音波を出してからそれが返ってくる間に，クジラ類は4~5回も音波を出せるのだ．ただ，それを実行して高頻度のパルスによるエコーロケーションをしようとしたら，一般的な哺乳類の脳がもつ情報処理速度では遅すぎる．そのため，クジラ類は従来よりもずっと早い速度で脳の情報処理をしなければならなくなる．クジラ類はその難問をどのように解決したのだろうか？

11.4 クジラの脳

クジラ類の脳は，他の哺乳類と同じく，前方から終脳，間脳，中脳，後脳（小脳と橋），延髄と並ぶ．ただし，脳の外観は他の哺乳類とは大きく異なっており，終脳は桁外れに大きく，ボクシングのグローブのように前方にぐるっと湾曲している（図 11.2）．終脳の内部構造も他の脊椎動物と異なる点がある．クジラ類では嗅覚系を構成する嗅神経や嗅球が退縮，あるいは失われていることに加え，ヒトで空間記憶などの重要な機能を担う海馬が相対的にも絶対的にもとても小さい (Cozzi *et al.*, 2017)．これについては，一般的に哺乳類の海馬は様々な感覚の情報を受け，それらの情報処理に関与しているが，クジラ類では聴覚以外の感覚が退化したため，海馬が縮小したと説明される．クジラ類は小脳もとても大きい．その内部構造は他の哺乳類と似ているが，小脳核については前中位核，内側核，後側中位核，外側小脳核と呼ばれている．霊長類では外側小脳核に相同な歯状核が最も大きいが，クジラ類では後中位核が最大となる．これは手足が退化した代わりに体幹部を使って運動する様式と関係があるといわれている．

11.5 菱　脳

三叉神経と顔面神経

クジラ類の菱脳は，よく発達した脳神経（三叉神経や顔面神経）や，特に肥大した聴覚関連要素（神経核や軸索束）を収めるため，よく発達している．多くの羊膜類で最大級の脳神経である三叉神経は，ヒゲクジラ類とマッコウクジラ類でも最大の脳神経である（Oelschlager & Kemp, 1998）．クジラ類では，一般的な哺乳類で表情筋を支配している顔面神経（第 VII 脳神経）もよく発達しており，ネズミイルカとハンドウイルカの顔面神経の軸索数は人の 5～7 倍多いという報告がある．なぜこのように三叉神経と顔面神経が発達しているのか？　その理由は，これらの神経が前頭部にある噴水孔領域を支配しているためだ．この場所で交信やエコーロケーションに用いる音波や超音波が作られて，メロンという特殊な場所で標的に向けて焦点が合わされ，放出される（**図 11.3**）．そのためには噴水孔付近の筋肉を適切に調整しなければならない．この調整には三叉神経の感覚要素がかかわり，実際に筋肉を動かす際には顔面神経の運動枝の出番となる．したがって，顔面神経の運動核は三叉神経のそれよりも大きい．

蝸牛神経

クジラやイルカの蝸牛神経（第 VIII 脳神経）の大きさは特筆すべきものだ．多くのハクジラ類では，聴覚にかかわる蝸牛神経が最大の脳神経である．イルカ類の蝸牛神経は，脊椎動物の神経全体と比較しても極めて太く，高度にミエリン化されている．直径が大きく，なおかつ高度にミエリン化された神経では伝導速度が上がるため，イルカの仲間スナメリの蝸牛神経の伝導速度は陸生哺乳類の 4

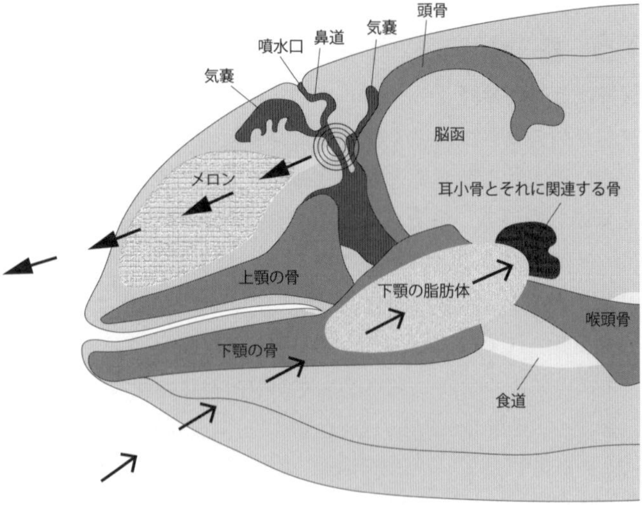

図 11.3　イルカが音を出す仕組み
Cozzi *et al*. (2017) を改変.

～5 倍になる．水中では音が空気中の 4～5 倍の速さで伝わることを思い出していただきたい．クジラ類は水中での速い音伝導に，神経の伝達スピードを上げることで対応したのだ．

11.6 聴覚中枢

クジラ類の菱脳にある聴覚系神経核群は，一本一本が際立った太さを誇る蝸牛神経が束になって入力することに対応して，とても大きくなっているが，その中でも特に蝸牛神経腹側核が非常によく発達している．蝸牛神経核には腹側核と背側核があるが，興味深いことにクジラ類の背側核は小さいか，あるいは失われている (Cozzi *et al*., 2017)．一般的に陸生哺乳類の背側核は，頭部の回転を調整し，耳介や頭部を音源に向けて定位させるための運動中枢と聴覚系とを連絡している．そのため，耳介が退化したクジラ類では背側核が退化しているのだと説明されている．これを裏づけるように，クジラ類と同じく聴覚系が発達しエコーロケーションを行い，それに加えてよく発達した耳介をもつコウモリでは，背側核がちゃんと存在している．クジラ類では，台形体核（TB）や聴条（das）など二次聴覚神経の経路もまたよく発達している（図 11.2）．

中脳にあって聴覚系の中継中枢としてはたらく下丘については，一般的な哺乳類とは大きく異なり，下丘が上丘よりも数倍大きい．

間脳にある聴覚系中継核の内側膝状体（MGB）は，同側の下丘から下丘腕という線維束を受けており，これはクジラやコウモリのようにエコーロケーションのために特殊化したソナーシステムをもつ動物では特に大きい．ハクジラ類の内側膝状体は視床で最も大きな感覚神経核となっていて，そこからの線維は巨大な聴放線となって新皮質の聴覚野に入力する．後に述べるようにクジラ類では聴覚野もよく発達しており，彼らにとって聴覚が極めて重要であることを表している．

11.7 終　脳

クジラの脳では，霊長類と同様に，終脳の新皮質が脳幹の一部と小脳を除く脳のほとんどの領域を覆い隠し，脳の外観を形作っている（図 11.2）．クジラ類の終脳は，多くの点において哺乳類の脳進化の極致にあり，ヒトの脳の優位性を脅かすことのできる唯一の存在であるようにも思える．クジラ類の新皮質には顕著な皺，すなわち脳回と脳溝があり，それはヒトで見られるものよりも明らかに数が多く，複雑な紋様を描いている．脳の皺とは，広がりすぎてそのままでは頭蓋骨の中に収まりきらない新皮質を無理やり押し込む際に生じるものだ．すなわちシワシワのクジラ大脳は，凄まじいまでの広さの新皮質の存在を仄めかせている.

新皮質

これまで「クジラの脳はすごい」という話をしてきたのに，新皮質を見るとその期待を裏切るような光景が現れる．一言でいえば「薄い」．他の哺乳類と比較すると，彼らの新皮質は偶蹄目で知られているものと同等か，あるいはそれよりも薄いのだ．つまりクジラ類の新皮質は，その表面の面積は極めて大きいけれども，層の厚さも含めた「体積」はそれほどではないことになる．新皮質の最大化において，クジラ類はヒトを含む真猿類とは明らかに異なる道を選んでいる．事実，脳体積に対する灰白質（新皮質の細胞がある部分）の体積は，霊長類の真猿類が哺乳類中最大となるが，ハクジラ類では有蹄類にも及ばない低い値となる (Cozzi *et al.*, 2017)．さらに，クジラ類の灰白質の細胞構成は多様性に乏しく，新皮質の断面を見ても層構造のパターンがあまり明瞭ではない．これは他の動物で明瞭な層であるIV層が，クジラ類では欠けていることによる (**図 11.4**)．IV層は視床からの入力を受ける，いわば新皮質の「窓口」ともいうべき重要な層である（第10章参照）．これがないということは，哺乳類の脳進化史におけるかなりの大事件である．6層構造の新皮質は単孔類のカモノハシにも見られ，哺乳類に共通するグラウンドプランであるが，クジラ類はそれから逸脱しているのだ．では，クジラ類は進化のどの段階でIV層を失ったのか？　興味深いことに，現生の哺乳類でクジラに最も近縁であるカバ類のコビトカバの終脳では，IV層が見られない (Butti *et al.*, 2011)．ということは，カバとクジラの共通の祖先の段階でIV層が失われたのかもしれない．あるいはそれより少し前か？　ただし，クジラ類でも若いイルカの視覚皮質にはIV層に似た構造が確認されており，

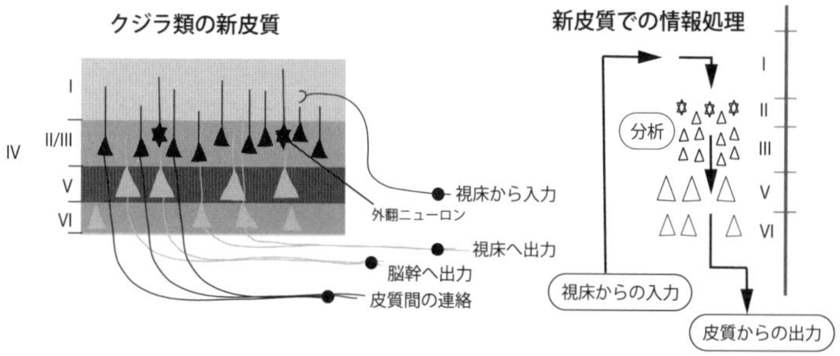

図 11.4　クジラ類の新皮質

図 10.4 と見比べてほしい．Cozzi *et al*. (2017) を改変.

また後述する視覚皮質には狭く曖昧ではあるが IV 層とおぼしき形態が見られるので (Cozzi *et al*., 2017)，クジラ類の新皮質から IV 層を作る機構が完全に一掃されたわけではないようだ.

このような形態から見ると，クジラの新皮質は表面積だけが大きな「見かけ倒し」のものなのだろうか？　よく見るとそうでもないようである．以下に記すように，クジラの新皮質は，水中という環境でその能力を発揮するために独自の特殊化をしたと考えるべきだろう.

一般的に新皮質の I 層は分子層と呼ばれ，神経線維が多く，細胞はまばらである．ここは霊長類ではそれほど発達しない．しかしクジラ類（調べられているのはイルカ）では相対的によく発達していて，I 層は皮質のおよそ 3 分の 1 を占めている．ではこの広い場所は何のために使われているのか？　どうやらクジラ類の I 層は視床から皮質にやってくる軸索の主要な入口となっているようだ（図 11.4)．つまり，クジラ類は IV 層を退化させた代わりに，I 層を発達させ，そこに多くの陸生哺乳類の IV 層の役割を与えているらしい．クジラ類の I 層には II 層のニューロンの樹状突起が多く存在していて，視床の軸索はこれらとシナプス接続するのであろう．実際イルカ類では，I 層と II 層に全シナプスのうちの大多数（70%）が見いだされる．したがってイルカの II 層は，I 層で受け取った情報を他の皮質層に運ぶ主要な中継要素となっているのだ．ちなみにヒトの新皮質でも，I 層は視床からの入力を受けている（図 10.4）．つまり哺乳類の視床線維は原則として I 層にも IV 層にも入力することができ，クジラ類では I 層への入力系が顕著に発達したのだろう．イルカの II 層には「外翻ニューロン」という独特の神経細胞があり，その樹状突起が I 層に多くの枝を出している（Cozzi *et al*., 2017）．こうした細胞は，クジラ類の終脳の独自の特殊化の際に獲得されたと思われる．

クジラ類の皮質について得られている形態学的・生理学的な情報からは，以下のような推論ができる．霊長類の新皮質では入力されてくる情報が高度かつ複雑に解析されているのに対し，イルカ（ハクジラ）では，情報の処理がむしろ簡略化されているようだ．つまり霊長類では，情報は IV 層に入りそこから III 層，II 層へ情報が上げられ，皮質内での分析が行われた後，下層にある V 層と VI 層に伝えられて皮質からの出力がなされる（図 10.4）．しかしながらイルカでは，よりシンプルな一方向の伝達が行われる．すなわち，情報は I 層に入って II/III 層で処理され，そして皮質からの遠心性出力を担う錐体ニューロンがある V 層に伝えられる（図 11.4）．したがって，ほとんどの部分について，イルカは薄い皮質内で，荒削りで速い情報処理を行うように調整されているようである．言い換えれば，いくらクジラ類が複雑な行動を見せようとも，我々ヒトの新皮質が生み出す「知性」をそのまま彼らにあてはめるのは難しいかもしれないし，それはクジラ類を単に擬人化しているだけで，彼らの本質を見ていないかもしれない．水中で聴覚を主要な感覚として生きるためには複雑な処理よりも迅速な処理が要求されていて，クジラ類の脳はそのために最適化されているのだ．

このようなクジラ独自の新皮質は，進化の過程で層形成にかかわる発生機構が変化したことで確立されたと考えられる．多くの哺乳類では，新皮質の層構造はインサイド-アウトという独特の発生によって形成される．要は早くに生まれた神経細胞（ニューロン）は深層に位置し，遅くに生まれたニューロンがそれらを乗り越え表層に位置するのだ．そのため，層構造は新皮質の発生の時間経過を表すことになる．IV 層を欠くクジラ類でこの発生様式がどのようになっているのかは大変興味深い研究テーマであるが，現時点ではほとんどわかっていない．また，哺乳類のマウスではIV 層の形成に *Rorβ* や *Eag2* などの遺伝子がかかわることが知られている（第 10 章参照）．これらの遺伝子がクジラ類ではどうなっているのかも極めて興味深い．

領　野

クジラ類の運動野は終脳半球の前側に位置しており，その直後には体性感覚野があり，半球の頂上部のやや側方には聴覚野が位置していて，その内側に視覚野がある（**図 11.5**）．この並びは他の哺乳類に見られるものとよく似ている．ただし，他の哺乳類とは異なっている点もある．多くの哺乳類で領野は終脳皮質の前方から側方，後方に至る広い領域を占めているのに対し，イルカではこれらの領野は終脳の中央付近で前後に伸びているように見える（図 11.5）．言い換えれば外側の領域には広がっていない．さらに，イルカの運動野と体性感覚野はかなり前方に押しやられている．そして，クジラ類が聴覚を頼りに生活していることから考えれば容易に推察できることであるが，聴覚野がとても発達している．

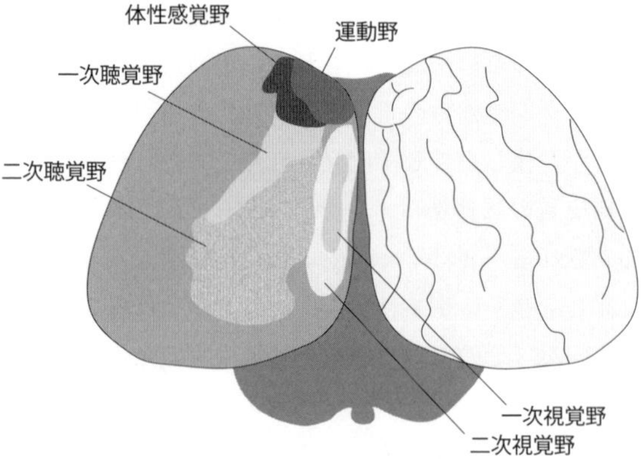

図 11.5　クジラ類の領野構造
Cozzi *et al*. (2017) を改変.

脳　梁

脳梁とは，左右の終脳半球を結ぶ線維の束のことで，哺乳類の真獣類にのみ見られる構造である（図 10.7）．これによって右脳と左脳の連絡ができるので，高次脳機能の発現に重要な役割を担っている．イルカや他のハクジラでは，同じ体格の大型哺乳類と比べると，その脳サイズの割に脳梁は相対的に小さい（図 11.2）．これは「賢い」といわれるクジラ類にしては少し意外である．しかし，比較神経学や神経機能の視点から考えると，脳梁が小さいこと，すなわち左右の終脳半球間の連絡が希薄であることは，左右の終脳半球間での情報のやりとりが少ないというマイナス面がある一方で，各々の半球が互いに独立してはたらくことができるというプラスの面もあるかもしれない．イルカ類や他の水棲哺乳類は，半球睡眠 (unihemispheric sleep) という変わった行動をとる (Cozzi *et al*., 2017)．その名のとおり，脳を片側ずつ眠らせるのだ．これは鳥類も行う（バークヘッド，2013)．ちなみに鳥類にも脳梁はない．ハンドウイルカは5日間連続して聴覚による警戒行動を継続できるらしいが，そのような芸当には，半球ごとに行われる間欠性あるいは交代制の眠りがとても重要であろう．それを遂行する上では，脳梁によって左右の脳半球が情報を送り合っている状況は歓迎すべきものではないのかもしれない．また，半球睡眠は視神経が脳に入る様式とも関係している可能性がある．鳥類や爬虫類の場合，右目の視神経は全て左の脳へ，左目の視神経は全て右の脳に入るので（全交叉），片方の目の情報は片側の脳（視蓋や大脳半球）に集められる．ただし，哺乳類の視神経は鳥類とは異なり全交叉しないため（半交叉：右目の視神経は半分が左の脳へ，もう半分が右の脳に入る），片方の目を開けてしまうとその情報は両側の脳にいってしまい，脳が片側だけ眠るのが難しいように思える．しかしクジラ類はこの仕組みを大きく変えており，全てあるいはほとんどの視神経は全交叉する．そのような特殊化のゆえ，哺乳類の中では例外的に半球睡眠を行うことができる．

クジラ類の脳は，すでに最高レベルにまで達している哺乳類の脳が新規な状況に直面したときに，さらに驚くべき変化を成し遂げ得ることを我々に示してくれる．それによって我々は，5億年前に作られた我々の脳の原型が，恐ろしいまでのポテンシャルを秘めていることを知るのである．

⑫

脊椎動物以外の脳世界

12.1 無脊椎動物の脳

これまで，脊椎動物の脳形態とその進化について紹介してきた．その話の中で，脳の領域がその動物がもつ機能と関係していることを示す例が随所に見られたと思う．それではこのような傾向は脊椎動物以外の動物にも見られるのだろうか？　程度の差はあれども，動物はそれぞれが独自の世界を認識し，独特の世界観の中で生きていると考えられる．この考えについては，ドイツの哲学者・生物学者であったヤーコプ・ヨハン・バロン・フォン・ユクスキュル(1864–1944)が，環境世界（環世界）という概念を使って大変興味深い考察を行っている（ユクスキュル，2005）．すなわち，昆虫や軟体動物など多数の動物は，それぞれがもつ独自の感覚器官と脳構造の特性に基づき，豊富な外界からの印象をいろいろ選択して受容し，動物群ごとに異なる独自の世界（環境世界）をもつ．ハエはハエのもつ知覚系に基づく独自の環境世界の中で生きているのだ．動物の意識の中にそれぞれ独自の世界があって，それを脳が作り出しているとするなら，脳はまさに「世界製造器」であるといえる．脳の出現によって，ほぼ無限にも近い主観的世界が想像された，つまり創造されたのだ．

動物の系統を見渡したとき，2 つの傑出したグループが現在の地球上に存在している．いずれも陸海空の全ての環境に進出し，そこで成功を収めているグループである．それが脊索動物門の脊椎動物と節足動物門の昆虫である．言い換えれば，地球上にはおよそ 38 の動物門がある．すなわち 38 種類の異なる設計思想が存在していることになる．そのうち，地球を支配する設計図を描くことができたのは，今のところ 2 つだけということになる．軟体動物が華麗に空を飛んだりするとこれに加わることができるが，現時点ではちょっと難しそうだ（飛ぶイカはいるがあれはあくまで滑空だ）．脊椎動物では外部形態の進化に応じて脳も進化してきた．では昆虫ではどうか？　昆虫の脳の場合でも，ある程度感覚に対応した脳領域の肥大化が見られるのだろうか．

12.2 昆虫の繁栄

結論からいうと，昆虫の脳にも感覚に対応した肥大化が見られる．視覚が優れたハエ類では，視覚の情報が集まる視葉と視覚中枢が大きい（**図 12.1**）．また，昆虫の中には学習能力や他個体とのコミュニケーション能力をもって問題を解決できるハチ類やゴキブリ類がおり，これらの種ではコミュニケーションに用いる触覚の情報を処理する場所が相対的に大きい．

昆虫の学習能力は，繁殖において高度に分業化の進んだ真社会性，もしくは子育てを行う亜社会性の種で発達する傾向にある．こうした昆虫が示す行動には驚くほど複雑なものがある．それらにつ

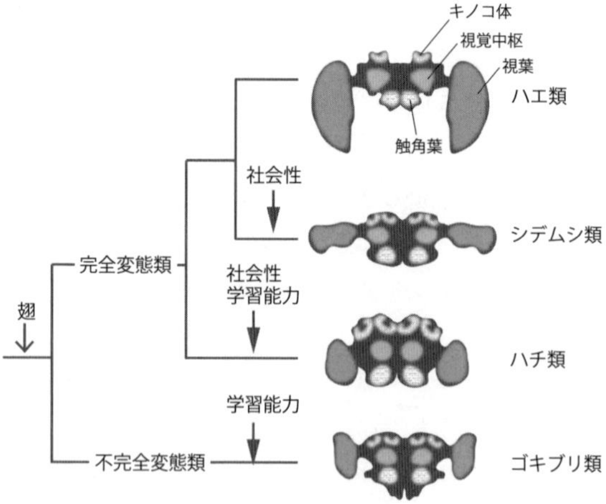

図 12.1　昆虫類の脳
Groh & Rossler (2011) を改変.

いてはフランスのファーブルが『昆虫記』に詳しく書き記している（ファーブル，1993）．それらは昆虫の本能についての驚くべき知見に溢れていて，ダーウィンも『種の起源』の中で，ファーブルの記述に言及している．ただし，ファーブルが進化論について懐疑的であったことは有名である．たとえばこんな記述がある．「淘汰の法則はその広い応用範囲で私を驚かせる．しかし私がそれを観察した事実に適用しようとすると，毎度定まって空に投げ出され，事実の解釈のための拠りどころはあり得ないのだ．これは理論的には壮大である．だが事実の前では風でふくらんだ風船玉だ」（ファーブル昆虫記，第 4 分冊）．彼にしてみれば，昆虫が示す多様な行動は，当時の進化論では到底説明ができない，奇跡のようなものだったのだろう．SF 作家アーサー・C・クラークは，「十分に発達した科学は，魔法と見分けがつかない」と述べているが，十分に進化した形質は，少なくとも 18 世紀の研究者にとっては，魔法と見分けがつかないのである．

昆虫類は甲殻類に近縁であることがわかっており，約 5 億年前に陸上に進出を果たした種がその祖先とされる．現生する最も原始的な昆虫類はカマアシムシ類のように翅をもたない無翅昆虫類で，これらは全て土壌に生息する．すなわち，昆虫の祖先の生活の場は土壌にあったと考えられる．やがて現在のイシノミ類のように表層土壌で生活でき，視覚の発達した無翅昆虫が出現し，ついにはカゲロウ類のような翅を獲得した昆虫が現れた．不完全変態類は陸上で爆発的な適応放散を遂げることにより，バッタ類や学習能力を有するゴキブリ類，真の社会性をもつシロアリ類につながる系統を生み出した．最も多様化が進む完全変態類においては，ハチ類やコウチュウ類で真社会性・亜社会性が知られている．すなわち，社会性や学習能力のような「知能」の発達は，有翅昆虫類の進化の中で複数回起きてきたことになる．真社会性を複数回発達させた系統群は，動物界の中にも昆虫の系統をおいて他にない．興味深いことに，社会性を発達させた系統ではいずれもキノコ体が大きくなるという特徴が見られる（図 12.1）．こうした高機能な脳の基本形は，昆虫の祖先，あるいは有翅昆虫が出現する過程で獲得されてきたはずである．その基本形はどのようなもので，そこからどのように脳が改変され，複数回の知能獲得に至ったのかは明らかにされていない．

12.3 おわりに

脳はその動物の生きざまを映す鏡である．逆にいえば，動物が示す形や行動には常に脳の影が付きまとっている．地球上にいる動物を見るとき，その脳に思いを馳せることで，これまでとは違う視点でさらに深く自然のありようを知ることができるだろう．さらに研鑽を積めば，脊椎動物を見るだけでその脳を透視する最終奥義「顔のない悪魔《フィーンド・ウィズアウト・ア・フェイス》」の遣い手になったり，熱線を放射しているゴジラの神経制御機構を看破したりすることができるようになるかもしれない．そうするとやはり，このような脳が示す多様性がどのように進化してきたのかが気になるだろう．それを知るには5億年に及ぶ刻の流れの中で脳の発生機構がどのように変わってきたのかを明らかにせねばらないが，それは未だ多くの謎に包まれている．

文 献

Abi-Rached L, Gilles A, Shiina T, Pontarotti P, Inoko H (2002) Evidence of en bloc duplication in vertebrate genomes. *Nat Genet* **31**:100–105.

Abzhanov A, Protas M, Grant BR, Grant PR, Tabin CJ (2004) Bmp4 and morphological variation of beaks in Darwin's finches. *Science* **305**:1462–1465.

Albuixech-Crespo B, Lopez-Blanch L, Burguera D, Maeso I, Sanchez-Arrones L, Moreno-Bravo JA, Somorjai I, Pascual-Anaya J, *et al*. (2017) Molecular regionalization of the developing amphioxus neural tube challenges major partitions of the vertebrate brain. *PLoS Biol* **15**:e2001573.

Arratia, G, Schultze HP, Casciotta J (2001) Vertebral column and associated elements in dipnoans and comparison with other fishes: development and homology. *Journal of Morphology* **250**:101–172.

Aspden JW, Armstrong CL, Gutierrez-Ibanez CI, Hawkes R, Iwaniuk AN, Kohl T, Graham DJ, Wylie DR (2015) Zebrin II / aldolase C expression in the cerebellum of the western diamondback rattlesnake (Crotalus atrox). *PLoS One* **10**:e0117539.

Balanoff AM, Bever GS, Rowe TB, Norell MA (2013) Evolutionary origins of the avian brain. *Nature* **501**:93–96.

Baron MG, Norman DB, Barrett PM (2017) A new hypothesis of dinosaur relationships and early dinosaur evolution. *Nature* **543**:501–506.

Bass A, Baker R (1991) Evolution of homologous vocal control traits. *Brain Behav Evol* **38**:240–254.

Butler AB, Hodos W (2005) *Comparative vertebate neuroanatomy: Evolution adaptation, 2nd Ed*. Wiley-Interscience.

Butti C, Raghanti MA, Sherwood CC, Hof PR (2011) The neocortex of cetaceans: cytoarchitecture and comparison with other aquatic and terrestrial species. *Ann N Y Acad Sci* **1225**:47–58.

Butts T, Modrell MS, Baker CV, Wingate RJ (2014) The evolution of the vertebrate cerebellum: absence of a proliferative external granule layer in a non-teleost ray-finned fish. *Evol Dev* **16**:92–100.

Carlson BA, Hasan SM, Hollmann M, Miller DB, Harmon LJ, Arnegard ME (2011) Brain evolution triggers increased diversification of electric fishes. *Science* **332**:583–586.

Carroll RL (1990) *Vertebrate paleontology and evolution.* Spektrum Akademischer Verlag.

Catania KC (2011) The brain and behavior of the tentacled snake. *Ann N Y Acad Sci* **1225**:83–89.

Chang S, Chung-Davidson YW, Libants SV, Nanlohy KG, Kiupel M, Brown CT, Li W (2013) The sea lamprey has a primordial accessory olfactory system. *BMC Evol Biol* **13**:172.

Choo B, Zhu M, Zhao W, Jia L, Zhu Y (2014) The largest Silurian vertebrate and its palaeoecological implications. *Sci Rep* **4**:5242.

Christensen-Dalsgaard J, Manley GA (2008) Acoustical coupling of lizard eardrums. *J Assoc Res Otolaryngol* **9**:407–416.

Clement AM, Ahlberg PE (2014) The first virtual cranial endocast of a lungfish (sarcopterygii: dipnoi). *PLoS One* **9**:e113898.

Cong P, Ma X, Hou X, Edgecombe GD, Strausfeld NJ (2014) Brain structure resolves the segmental affinity of anomalocaridid appendages. *Nature* **513**:538–542.

Cooke JE, Moens CB (2002) Boundary formation in the hindbrain: Eph only it were simple. *Trends Neurosci* **25**:260–267.

Cozzi B, Huggenberger S, Oelschlager H (2017) *Anatomy of dorphins: Insights into body structure and function.* Academic Press.

Czech-Damal NU, Liebschner A, Miersch L, Klauer G, Hanke FD, Marshall C, Dehnhardt G, Hanke W (2012) Electroreception in the Guiana dolphin (Sotalia guianensis). *Proc Biol Sci* **279**:663–668.

Davies WI, Collin SP, Hunt DM (2012) Molecular ecology and adaptation of visual photopigments in craniates. *Mol Ecol* **21**:3121–3158.

Dugas-Ford J, Rowell JJ, Ragsdale CW (2012) Cell-type homologies and the origins of the neocortex. *Proc Natl Acad Sci USA* **109**:16974-16979.

Dupret V, Sanchez S, Goujet D, Tafforeau P, Ahlberg PE (2014) A primitive placoderm sheds light on the origin of the jawed vertebrate face. *Nature* **507**:500-503.

Erzurumlu RS, Murakami Y, Rijli FM (2010) Mapping the face in the somatosensory brainstem. *Nat Rev Neurosci* **11**:252-263.

Fukuchi-Shimogori T, Grove EA (2001) Neocortex patterning by the secreted signaling molecule FGF8. *Science* **294**:1071-1074.

Gonzalez A, Morona R, Lopez JM, Moreno N, Northcutt RG (2010) Lungfishes, like tetrapods, possess a vomeronasal system. *Front Neuroanat* **4**. doi: 10.3389/fnana.2010.00130. eCollection.

Green RE, Braun EL, Armstrong J, Earl D, Nguyen N, Hickey G, Vandewege MW, St John JA, *et al.* (2014) Three crocodilian genomes reveal ancestral patterns of evolution among archosaurs. *Science* **346**:1254449.

Greig LC, Woodworth MB, Greppi C, Macklis JD (2016) Ctip1 controls acquisition of sensory area identity and establishment of sensory input fields in the developing Neocortex. *Neuron* **90**:261-277.

Grillner S, El Manira A (2020) Current principles of motor control, with special reference to vertebrate locomotion. *Physiol Rev* **100**:271-320.

Groh C, Rossler W (2011) Comparison of microglomerular structures in the mushroom body calyx of neopteran insects. *Arthropod Struct Dev* **40**:358-367.

Hanstrom B (1928) *Vergleichende anatomie des nervensystems der wirbellosen tiere*. Verlag von Julius Springer Berlin.

Herrick CJ (1948) *The brain of the Tiger Salamander, Ambystoma tigrinum*. University of Chicago Press.

Hidalgo-Sanchez M, Millet S, Simeone A, Alvarado-Mallart RM (1999) Comparative analysis of *Otx*2, *Gbx*2, *Pax*2, *Fgf*8 and *Wnt*1 gene expressions during the formation of the chick midbrain/hindbrain domain. *Mech Dev* **81**:175-178.

Higashiyama H, Kuratani S (2014) On the maxillary nerve. *J Morphol* **275**: 17-38.

Hirasawa T, Kuratani S (2018) Evolution of the muscular system in tetrapod limbs. *Zoological Lett* **4**:27.

Imura K, Yamamoto N, Sawai N, Yoshimoto M, Yang CY, Xue HG, Ito H (2003) Topographical organization of an indirect telencephalo-cerebellar pathway through the nucleus paracommissuralis in a teleost, *Oreochromis niloticus*. *Brain Behav Evol* **61**:70–90.

Ishikawa Y, Yamamoto N, Yoshimoto M, Yasuda T, Maruyama K, Kage T, Takeda H, Ito H (2007) Developmental origin of diencephalic sensory relay nuclei in teleosts. *Brain Behav Evol* **69**:87–95.

Itoyama T, Fukui M, Kawaguchi M, Kaneko S, Sugahara F, Murakami Y (2019) FGF-and SHH-based molecular signals regulate barbel and craniofacial development in catfish. *Zoological Lett* **5**:19.

Ivantsov AY (2011) Feeding traces of proarticulata: the Vendian metazoan. *Paleontological Journal* **45**:237–248.

Janvier P (2004) Wandering nostrils. *Nature* **432**:23–24.

Janvier P (2002) *Early vertebrates*. Oxford University Press.

Jarvis ED, Yu J, Rivas MV, Horita H, Feenders G, Whitney O, Jarvis SC, Jarvis ER, *et al*. (2013) Global view of the functional molecular organization of the avian cerebrum: mirror images and functional columns. *J Comp Neurol* **521**:3614–3665.

Jung H, Baek M, D'Elia KP, Boisvert C, Currie PD, Tay BH, Venkatesh B, Brown SM, *et al*. (2018) The ancient origins of neural substrates for land walking. *Cell* **172**:667–682.

Jung H, Mazzoni EO, Soshnikova N, Hanley O, Venkatesh B, Duboule D, Dasen JS (2014) Evolving Hox activity profiles govern diversity in locomotor systems. *Dev Cell* **29**:171–187.

Kani S, Bae YK, Shimizu T, Tanabe K, Satou C, Parsons MJ, Scott E, Higashijima S, *et al*. (2010) Proneural gene-linked neurogenesis in zebrafish cerebellum. *Dev Biol* **343**:1–17.

Katahira T, Sato T, Sugiyama S, Okafuji T, Araki I, Funahashi J, Nakamura H (2000) Interaction between *Otx2* and *Gbx2* defines the organizing center for the optic tectum. *Mech Dev* **91**, 43–52.

Kato T, Yamada Y, Yamamoto N (2012) Ascending gustatory pathways to the telencephalon in goldfish. *J Comp Neurol* **520**:2475-2499.

Kawaguchi M, Hagio H, Yamamoto N, Matsumoto K, Nakayama K, Akazome Y, Izumi H, Tsuneoka Y, *et al.* (2019) Atlas of the telencephalon based on cytoarchitecture, neurochemical markers, and gene expressions in Rhinogobius flumineus [Mizuno, 1960]. *J Comp Neurol* **527**:874-900.

Kiecker C, Lumsden A (2004) Hedgehog signaling from the ZLI regulates diencephalic regional identity. Nature neuroscience **7**:1242-1249.

Kobayakawa K, Kobayakawa R, Matsumoto H, Oka Y, Imai T, Ikawa M, Okabe M, Ikeda T, *et al.* (2007) Innate versus learned odour processing in the mouse olfactory bulb. *Nature* **450**:503-508.

Kohl T, Bothe MS, Luksch H, Straka H, Westhoff G (2014) Organotopic organization of the primary Infrared Sensitive Nucleus (LTTD) in the western diamondback rattlesnake (Crotalus atrox). *J Comp Neurol* **522**:3943-3959.

Konishi M (2006) Behavioral guides for sensory neurophysiology. *J Comp Physiol A Neuroethol Sens Neural Behav Physiol* **192**:671-676.

Koyama H, Kishida R, Goris RC, Kusunoki T (1987) Organization of sensory and motor nuclei of the trigeminal nerve in lampreys. *J Comp Neurol* **264**:437-448.

Kuraku S, Kuratani S (2006) Time scale for cyclostome evolution inferred with a phylogenetic diagnosis of hagfish and lamprey cDNA sequences. *Zoolog Sci* **23**:1053-1064.

Lagadec R, Laguerre L, Menuet A, Amara A, Rocancourt C, Pericard P, Godard BG, Rodicio MC, *et al.* (2015) The ancestral role of nodal signalling in breaking L/R symmetry in the vertebrate forebrain. *Nat Commun* **6**. https://doi.org/10.1038/ncomms7686

Liem KF, Bemis WE, Walker WF, Grande L (2001) Chapter 12 The sense organs. In: *Functional Anatomy of the Vertebrates*. Harcourt College Publishers. 396-436.

Luo ZX, Crompton AW, Sun AL (2001) A new mammaliaform from the early Jurassic and evolution of mammalian characteristics. *Science*

292:1535–1540.

Mallatt J, Sullivan J (1998) 28S and 18S rDNA sequences support the monophyly of lampreys and hagfishes. *Mol Biol Evol* **15**:1706–1718.

McCoy VE, Saupe EE, Lamsdell JC, Tarhan LG, McMahon S, Lidgard S, Mayer P, Whalen CD, *et al*. (2016) The 'Tully monster' is a vertebrate. *Nature*.**532**:496–499.

Mehta RS, Wainwright PC (2007) Raptorial jaws in the throat help moray eels swallow large prey. *Nature* **449**:79–82.

Metcalfe WK, Mendelson B, Kimmel CB (1986) Segmental homologies among reticulospinal neurons in the hindbrain of the zebrafish larva. *J Comp Neurol* **251**:147–159.

Morris SC, Caron JB (2014) A primitive fish from the Cambrian of North America. *Nature* **512**:419–422.

Morshedian A, Fain GL (2017) The evolution of rod photoreceptors. *Philos Trans R Soc Lond B Biol Sci* **372**. doi:10.1098/rstb.2016.0074.

Mueller T (2012) What is the Thalamus in Zebrafish? *Front Neurosci* **6**:64.

Murakami Y (2016) The origin of vertebrate brain centers. In: *Brain Evolution by Design* (Shigeno S, Murakami Y, Nomura T, eds.), Springer.

Murakami Y, Pasqualetti M, Takio Y, Hirano S, Rijli FM, Kuratani S (2004) Segmental development of reticulospinal and branchiomotor neurons in lamprey: insights into the evolution of the vertebrate hindbrain. *Development* **131**:983–995.

Murakami Y, Sugahara F (in press) Evolutionary and developmental perspectives on the origin and diversification of the vertebrate cerebellum.

Murakami Y, Tanaka M (2011) Evolution of motor innervation to vertebrate fins and limbs. *Dev Biol* **355**:164–172.

Murakami Y, Watanabe A (2009) Development of the central and peripheral nervous systems in the lamprey. *Dev Growth Differ* **51**:197–205.

Nakane Y, Ikegami K, Iigo M, Ono H, Takeda K, Takahashi D, Uesaka M, Kimijima M, *et al*. (2013) The saccus vasculosus of fish is a sensor of seasonal changes in day length. *Nat Commun* **4**:2108.

Nevitt GA (2008) Sensory ecology on the high seas: the odor world of the procellariiform seabirds. *J Exp Biol* **211**:1706-1713.

Nieuwenhuys R (1997) *The Central Nervous System of Vertebrates* (Nieuwenhuys R, TenDonkelaar HJ, Nicholson C, eds.), Springer-Verlag Berlin Heidelberg.

Niimura Y (2012) Olfactory receptor multigene family in vertebrates: from the viewpoint of evolutionary genomics. *Curr Genomics* **13**:103-114.

Nikaido M, Rooney AP, Okada N (1999) Phylogenetic relationships among cetartiodactyls based on insertions of short and long interpersed elements: hippopotamuses are the closest extant relatives of whales. *Proc Natl Acad Sci U S A* **96**:10261-10266.

Nomura T, Murakami Y, Gotoh H, Ono K (2014) Reconstruction of ancestral brains: Exploring the evolutionary process of encephalization in amniotes. *Neurosci Res* **86**:25-36.

Northcutt RG, Gonzalez A (2011) A reinterpretation of the cytoarchitectonics of the telencephalon of the comoran coelacanth. *Front Neuroanat* **5**:9.

Oelschlager HH, Kemp B (1998) Ontogenesis of the sperm whale brain. *J Comp Neurol* **399**:210-228.

Ogasawara M (2000) Overlapping expression of amphioxus homologs of the thyroid transcription factor-1 gene and thyroid peroxidase gene in the endostyle: insight into evolution of the thyroid gland. *Dev Genes Evol* **210**:231-242.

Ohno S (1971) *Evolution by Gene Duplication*. Springer-Verlag New York.

O'Leary DD, Chou SJ, Sahara S (2007) Area patterning of the mammalian cortex. *Neuron* **56**:252-269.

Pettigrew JD, Manger PR, Fine SL (1998) The sensory world of the platypus. *Philos Trans R Soc Lond B Biol Sci* **353**:1199-1210.

Portavella M, Vargas JP, Torres B, Salas C (2002) The effects of telencephalic pallial lesions on spatial, temporal, and emotional learning in goldfish. *Brain Res Bull* **57**:397-399.

Puelles L, Kuwana E, Puelles E, Bulfone A, Shimamura K, Keleher J, Smiga S, Rubenstein JL (2000) Pallial and subpallial derivatives in the embryonic chick and mouse telencephalon, traced by the expression of the genes

Dlx-2, *Emx*-1, *Nkx*-2.1, *Pax*-6, and *Tbr*-1. *J Comp Neurol* **424**:409–438.

Puelles L, Rubenstein JL (2015) A new scenario of hypothalamic organization: rationale of new hypotheses introduced in the updated prosomeric model. *Front Neuroanat* **9**:27.

Purves D, Lightman JW (1985) *Principles of Neural Development*. Sinauer Associates Inc.

Qu Q, Haitina T, Zhu M, Ahlberg PE (2015) New genomic and fossil data illuminate the origin of enamel. *Nature* **526**:108–111.

Reep RL, Stoll ML, Marshall CD, Homer BL, Samuelson DA (2001) Microanatomy of facial vibrissae in the Florida manatee: the basis for specialized sensory function and oripulation. *Brain Behav Evol* **58**:1–14.

Reid CR, Latty T, Dussutour A, Beekman M (2012) Slime mold uses an externalized spatial "memory" to navigate in complex environments. *Proc Natl Acad Sci USA* **109**:17490–17494.

Rendahl H (1924) Embryologische und morphologische Studien über das Zwischenhirn beim Huhn. *Acta Zool* **5**:241–344.

Rhinn M, Miyoshi K, Watanabe A, Kawaguchi M, Ito F, Kuratani S, Baker CV, Murakami Y, *et al.* (2013) Evolutionary divergence of trigeminal nerve somatotopy in amniotes. *J Comp Neurol* **521**:1378–1394.

Rijli FM, Mark M, Lakkaraju S, Dierich A, Dolle P, Chambon P (1993) A homeotic transformation is generated in the rostral branchial region of the head by disruption of *Hoxa*-2, which acts as a selector gene. *Cell* **75**:1333–1349.

Rogers CS, Astrop TI, Webb SM, Ito S, Wakamatsu K, McNamara ME (2019) Synchrotron X-ray absorption spectroscopy of melanosomes in vertebrates and cephalopods: implications for the affinity of Tullimonstrum. *Proc Biol Sci* **286**:20191649.

Roth G, Laberge F, Muhlenbrock-Lenter S, Grunwald W (2007) Organization of the pallium in the fire-bellied toad Bombina orientalis. I: Morphology and axonal projection pattern of neurons revealed by intracellular biocytin labeling. *J Comp Neurol* **501**:443–464.

Rovainen CM (1967) Physiological and anatomical studies on large neurons of central nervous system of the sea lamprey (*Petromyzon marinus*). II. Dorsal cells and giant interneurons. *J Neurophysiol* **30**:1024–1042.

Rowe TB, Macrini TE, Luo ZX (2011) Fossil evidence on origin of the mammalian brain. *Science* **332**:955–957.

Schulz-Mirbach T, Metscher B, Ladich F (2012) Relationship between swim bladder morphology and hearing abilities: a case study on Asian and African cichlids. *PLoS One* **7**:e42292.

Shu DG, Morris SC, Han J, Zhang ZF, Yasui K, Janvier P, Chen L, Zhang XL, *et al.* (2003) Head and backbone of the Early Cambrian vertebrate Haikouichthys. *Nature* **421**:526–529.

Steiger SS, Kuryshev VY, Stensmyr MC, Kempenaers B, Mueller JC (2009) A comparison of reptilian and avian olfactory receptor gene repertoires: species-specific expansion of group gamma genes in birds. *BMC Genomics* **10**:446.

Stencio EA (1927) *The Downtonian and Devonian vertebrates of Spitsbergen. I, Family Cephalaspidae* (I kommisjon hos J. Dybwad, 1927).

Striedter GF (2004) *Principles of Brain Evolution.* Sinauer Associates.

Striedter GF, Northcutt RG (2020) *Brains Through Time.* Oxford University Press.

Sugahara F, Murakami Y, Pascual-Anaya J, Kuratani S (2017) Reconstructing the ancestral vertebrate brain. *Dev Growth Differ* **59**:163–174.

Sugahara F, Pascual-Anaya J, Oisi Y, Kuraku S, Aota S, Adachi N, Takagi W, Hirai T, *et al.* (2016) Evidence from cyclostomes for complex regionalization of the ancestral vertebrate brain. *Nature* **531**:97–100.

Suryanarayana SM, Robertson B, Wallen P, Grillner S (2017) The lamprey pallium provides a blueprint of the mammalian layered cortex. *Curr Biol* **27**:3264–3277.

Suzuki DG, Murakami Y, Escriva H, Wada H (2015) A comparative examination of neural circuit and brain patterning between the lamprey and amphioxus reveals the evolutionary origin of the vertebrate visual center. *J Comp Neurol* **523**:251–261.

Tanaka G, Hou X, Ma X, Edgecombe GD, Strausfeld NJ (2013) Chelicerate neural ground pattern in a Cambrian great appendage arthropod. *Nature* **502**:364–367.

Van Le Q, Isbell LA, Matsumoto J, Nguyen M, Hori E, Maior RS, Tomaz C, Tran AH, *et al*. (2013) Pulvinar neurons reveal neurobiological evidence of past selection for rapid detection of snakes. *Proc Natl Acad Sci USA* **110**:19000–19005.

Wicht H, Lacalli TC (2005) The nervous system of amphioxus: structure, development, and evolutionary significance. *Can J Zool* **83**:122–150.

Wicht H, Northcutt RG (1995) Ontogeny of the head of the Pacific hagfish (Eptatretus stouti, Myxinoidea): development of the lateral line system. *Philos Trans R Soc Lond B Biol Sci* **349**:119–134.

Witmer LM, Chatterjee S, Franzosa J, Rowe T (2003) Neuroanatomy of flying reptiles and implications for flight, posture and behaviour. *Nature* **425**:950–953.

Witton MP (2013) *Pterosaurs*. Princeton University Press.

Zhao H, Li J, Zhang J (2015) Molecular evidence for the loss of three basic tastes in penguins. *Curr Biol* **25**:R141–142.

Zhu M, Yu X, Ahlberg PE, Choo B, Lu J, Qiao T, Qu Q, Zhao W, *et al*. (2013) A Silurian placoderm with osteichthyan-like marginal jaw bones. *Nature* **502**:188–193.

アンドリュー・パーカー 著，渡辺政隆・今西康子 訳（2006）『眼の誕生――カンブリア紀の謎を解く』草思社.

伊澤栄一（2018）第 10 章 もうひとつの高次脳システムの出現『遺伝子から解き明かす脳の不思議な世界』（滋野修一，野村 真，村上安則 編著）一色出版.

石川裕二（2018）『メダカで探る脳の発生学』恒星社厚生閣.

倉谷 滋（2017）『動物進化形態学』東京大学出版会.

ティム・バークヘッド 著，沼尻由起子 訳（2013）『鳥たちの驚異的な感覚世界』河出書房新社.

土屋 健（2018）『海洋生命 5 億年史 サメ帝国の逆襲』文藝春秋.

ファーブル JH(1993)『完訳 ファーブル昆虫記』岩波書店.

村上安則（2015）『脳の進化形態学（ブレインサイエンス・レクチャー 2)』共立出版.

山本直之（2018）第 8 章 水生に適応した脳の多様化『遺伝子から解き明かす脳の不思議な世界』（滋野修一・野村 真・村上安則 編著）一色出版.

ユクスキュル，クリサート 著，日高敏隆・羽田節子 訳（2005）『生物から見た世界』岩波書店.

吉田将之（2017）『魚だって考える——キンギョの好奇心，ハゼの空間認知』築地書館.

脳が作り上げる世界の進化

コーディネーター　倉谷　滋

コロナ禍の吹き荒れた2020年末，私は脳関連書籍を山のように読みあさっていた．あの有名なラマチャンドランによる病理学的アプローチから，言語学的に脳の機能を考察したいくつかの書籍，あるいはタコや昆虫に見る動物の知能や意識を極める研究書・哲学書に加え，人間の意識を機械に移し替えることができるかどうかという近未来SF的課題に対する真面目な考察，おまけにノーベル賞物理学者，ペンローズの名で知られるシュールな「量子脳理論」，そしてついには人間が知覚するこの世界の真の姿にまつわる哲学的考察に至るまで……．そして年が明け，最初に読了したのが進化脳学者，村上博士による本書，『脳進化絵巻――脊椎動物の進化神経学』だった．この一冊は，昨年さまざまな方向に飛散し多様化してしまった私の思考を，見事なまでに束ね上げてくれたようだ．

脳が現出させる世界

ある意味本書は，中枢神経に関する私の疑問に対して総決算的な解答を体現してくれている．もし，我々の知覚するこの世界の姿が所詮，脳によって解釈されたものでしかないのだとすれば，果たしてその真の姿は一体どのようなものなのだろうか．我々の意識や理解と世界との間にある一種のインターフェイスとでもいうべき存在がこの「脳」という器官であり，それは間違いなくメカニックな存在だ．これまで，ヒトの脳はヒト特異的なやり方で進化し，最適化されてきた．ならば，それが昆虫やサメの脳とかなり異なっているであろうことはいうまでもなく，身近にいるイヌやネコのそれとも微妙に違うはず．そして，ヒトの脳が現出させるこの世界の姿も，他の動物にとっての世界とは違う．実際，哺乳類の中でも食肉目に属する仲間では，網膜の視細胞のうち錐体細胞がすっかり欠失しており，色を見分けることができない．しかし，その代わりに豊富に存在する桿体細胞のおかげで暗闇でもかなりものを見ることができる．これはハンターとしての彼らの生存に必須なのだ．

思えば，ヒトは当たり前のように暗闇を怖がり，その中に幽霊や化け物の存在を考えてしまう．そればかりか，「明と暗」の対比においては何も考えずに「明」を肯定的，「暗」を否定的な象徴概念と決めつけている．よく聞く「政財界に巣くう闇」とか「真理を白日の下にさらけ出す」というキャッチフレーズもそれだ．それもこれもよく考えてみれば，そもそも我々ヒトが暗闇を苦手とする霊長類の網膜（本書にも解説されているように，網膜は脳の一部であり，脳の進化の駆動力となったのも眼なのである）でもって日々暮らしているからに他ならない．言い換えるなら，この世において暗闇が最初から「怖いもの」として存在しているわけではなく，我々の祖先の眼球と脳の働きでもって折り合いをつけるに至ったこの世界との付き合い方の中で，暗闇を避けるようになっただけのことなのである．

そういう例を持ち出すまでもなく，ヒトが知覚している世界が，かなりバイアスのかかったものであることはたしかだ．かといって，バイアスのかからない「そのものとしてのあるがままの世界」などというものは求めようとしてもキリがない．いや，そんなもの考えてみても仕方がない．すべての電磁波を可視光として見ることのできる眼とか，すべての空気の振動を音として聴くことのできる耳のようなものはまず物理的に不可能であるばかりか，そんなものが進化できるような合理的な仕組みすら考えられない．ヒトが作ったピアノ（ベーゼンドルファー社の最上位モデル「インペリアル」）の最低鍵は16ヘルツの音を出すが，これはヒトの可聴域の外側にある．したがって，我々はその倍音を聞くことしかできない．ヒトの聴覚など所詮その程度のものなのだ．その限られた範囲すら，すべて堪能しようとすると忙しくて仕方がなくなる．我々の聴覚というのは，これはこれですでに大したものだ．それでも，大昔からこんな耳ができていたわけでは決してない．つい2億年ばかり前まで，我々の祖先にはまだ中耳と呼べるような構造すらなく，いま我々の中耳において中心的な音響伝達装置となっているアブミ骨（祖先では舌顎骨）は当時，なんと親指ほどの大きさがあり，とても音を伝えられるような代物ではなかった．言い換えると，陸上脊椎動物の暮らす当時の（四肢動物の）地上世界には「音が存在しなかった」といって過言ではない．もちろん空気の振動はいつもあっただろう．が，それを音として聴くことのできる「主体」はいなかったのである．

進化する脳と世界

つまるところ，どの動物にとってもこの世界のうち知覚できるものは一部に過ぎない．しかもそれは，大昔から脳の発達を通じて徐々に動物に対して立ち現れてきたものに他ならず，それぞれの動物の生活形態に合わせて多様化し，複雑化し，高度化し，その結果としてさまざまな「環境世界」がこの動物界に成立していったのである．動物の数だけ（脳の数だけ）世界が存在するわけだ．そういったことが，本書第1章にはうまくまとめられ，以下の章においては，脊椎動物各グループにおけるさまざまなタイプの脳が紹介されてゆくことになる．

筆者の村上安則博士は，研究員として私のラボに在籍していた頃から脊椎動物の脳の比較神経学に関して途轍もなく広範な知識と蘊蓄を有していた．もっぱらヤツメウナギ胚を用いて，脊椎動物の初期進化における脳の発生プログラムの変遷を極めようとしていたが，独立してからも共同研究は続いている．村上博士が研究室に参加して間もない頃だったか，彼がヤツメウナギの胚を用いて神経繊維を免疫組織化学的に染色し，かつ同時に，脳原基の特定領域での遺伝子発現を *in situ* ハイブリディゼーション法で染め出した標本を事もなげに作り出した．私が長らく見たいと思っていたものが本当に目の前にできてしまったと，いたく感激したのをいまでもよく覚えている．現在では当たり前のように行われているシンプルな手法だが，当時はまだ夢のような技術だったのである．以来，円口類の脳神経系は彼の「脳神経進化世界」においてひとつの大きな核となっていると思われる．

進化形態学的に見た脳

というわけで，本書はまずもって脳の比較解剖学，もしくは比較形態学を扱うテキストだ．本書の冒頭にもあるように，こういった分野は役に立たないと見なされることが多い．しかも内容が難解で，覚えなければならない用語数が多く，やっかいなものの典型として語られることすらある（その教えにくさも筆者の体験談として語られている）．あるいは，解剖学それ自体が終わった学問であるかのようにいわれることもしばしばだ．が，世界の姿を理解しようとすれば，「比較による理解」なしには済まされないのも事実であり，本書に限ってはそのような揶揄は当たらない．それどころか，比較形態学的分野が盛んであった20世紀初頭の古典的・博物学的レベルを軽く凌駕している．何より，遺伝子レベル，発生生物学的レベルの知見に加え，以前は観察がままならなかった多くの化石動物における脳形態が，かなり正確に推測できるようになってきたからだ．とりわけ，脊椎動物の進化史において初めて顎を獲得した板皮類の脳の理解はめざましく進歩した．本書は古典的な方法論に立脚しながらも，最新知見を山のように取り込み，これまで存在しなかった脊椎動物脳の比較形態学を見事にまとめ上げた進化発生学的テキストということができる．進化生物学的に重要なさまざまな概念，鍵革新，前適応，発生学的トレードオフ，発生拘束，相同性の階層的構造，進化的新規形質などが，実例でもって解説されている．とりわけトレードオフがゲームにおけるキャラクターのステータス振り分けになぞらえられているのは面白い．考えたこともなかった．また本書は，これ以上シンプルにすることは不可能であろうと思われるぐらいわかりやすくまとめられている．本質的に重要な事項が簡潔に，そしてユーモア溢れる語り口調で述べられている．彼の前著，『脳の進化形態学（ブレインサイエンス・レクチャー 2)』（共立出版，2015）と同様．また，「絵巻」の名にふさわしく，簡潔に描かれたオリジナル図版が大変わかりやすい．これは買いだ！

比較形態学を貫く方針は 2 つある．ひとつはあらゆる脊椎動物の脳に共通して見ることのできる基本設計プランであり，それは本書では「グラウンドプラン」と呼ばれている．いうまでもなくこの共通プランは，脳原基に現れるオーガナイザーや分節構造をはじめとする保守的な発生プログラムが永続的に機能していることを反映し，脊椎動物にのみその完璧なセットを見ることができる．その一部は無脊椎動物の中枢神経系にもすでに現れている．つまり，すべての左右相称動物や，それ以前の刺胞動物的祖先に成立したとおぼしい形態形成のルールもあったわけだ．中枢神経系を形態的にオーガナイズするグラウンドプランもまた徐々に進化，多様化してきたのであり，それが最も華々しく生じていたのがどうやらカンブリア紀より前の時代であったらしい．もうひとつの中心軸は，グラウンドプランに則りながらも，徐々に変形し，独特の機能を獲得してゆく多様化のプロセスである．多くの動物に共通する相同的な形態単位が，動物群ごとにさまざまに変形して新しい機能を獲得してゆく．これを通じて，脳形態に相同性と相似性が立ち現れる．この多様化のプロセスはグラウンドプランを起点としてランダムに無方向に生ずるのではなく，いくつかの革命的な変形を足がかりにして，段階的に進んでゆく．それが動物の系統的進化によって生ずることにより，動物各グループの独特の生態学的ニッチや，特定のグループにのみ共通のパターンが確立してゆく．段階的，階層的に生ずる変化の繰り返しにより，あたかも樹木が繁茂するように脳の機能と形態が多様化してゆく．このような理解のためには，動物の系統進化に関する正確な知識が必要となる．その基盤となるのが分岐学的系統解析の方法論であり，再び形態形質の正確な評価や動物群の適切な命名が問われることになる．読者は「爬虫類」の名で知られる動物群の定義に目を白黒させることだろう．しかし，それなくして進化の理解はあり得ないのだ．

こうした，比較動物学の最新の知見をベースにして紡がれた脳の進化史は，これまでの類書になかった緻密さと正確さを備えているといえる．つまるところ脳の進化とは，進化的変容を続けるさまざまな動物の眼前にさまざまな世界が立ち現れてくる過程なのである．是非一読を勧めたい．

索　引

【生物名】

【人名】

【欧字】

【か】

【さ】

【た】

【な】

【は】

【ま】

【や】

【ら】

著　者

村上　安則（むらかみ やすのり）

1998 年　名古屋大学大学院理学研究科博士後期課程単位取得退学

現　　在　愛媛大学大学院理工学研究科 教授，博士（理学）

専　　門　進化形態学

コーディネーター

倉谷　滋（くらたに しげる）

1987 年　京都大学大学院理学研究科博士課程修了

現　　在　国立研究開発法人理化学研究所生命機能科学研究センター チームリーダー，神戸大学大学院理学研究科 客員教授，理学博士

専　　門　進化発生学

共立スマートセレクション 34
Kyoritsu Smart Selection 34
脳進化絵巻
——脊椎動物の進化神経学
Evolutionary Neurology of Vertebrates

2021 年 4 月 15 日　初版 1 刷発行

検印廃止
NDC 467.5, 481.1, 487

ISBN 978-4-320-00934-9

著　者　村上安則　© 2021

コーディネーター　倉谷　滋

発行者　南條光章

発行所　**共立出版株式会社**
郵便番号　112-0006
東京都文京区小日向 4-6-19
電話　03-3947-2511（代表）
振替口座　00110-2-57035
www.kyoritsu-pub.co.jp

印　刷　大日本法令印刷
製　本　加藤製本

一般社団法人
自然科学書協会
会員

Printed in Japan